土を耕す・肥やす「地球の虫」

EARTHWORM WORLD

ミミズのはたらき

Nakamura Yoshio

中村 好男 編著

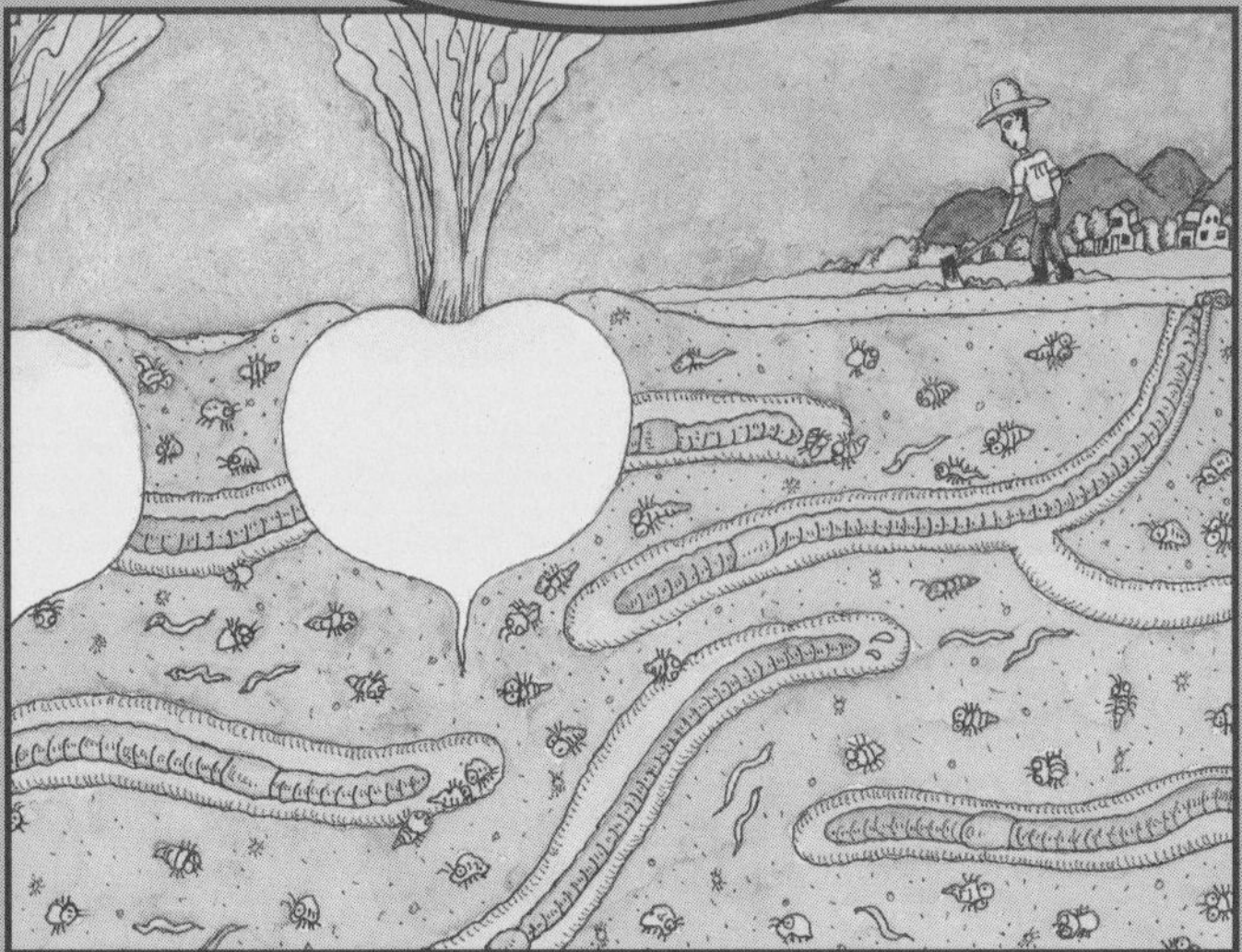

創森社

ミミズと健康な土をめぐって～序に代えて～

ミミズは古くから「大地の腸」「自然の鍬」、最近では「生態系の技術者」「土の健康のバロメーター」とも称されます。優れたミミズ研究者でもある自然科学者チャールズ・ダーウィンは、死の前年に出版された生涯最後の著書『ミミズが創る土およびミミズの習性の観察』（１８８１年）で、「ミミズの糞土ほど優れた腐植はありえない」、「地球に最も価値ある動物」と激賞しました。ダーウィンが最初にミミズを研究したのは、ビーグル号航海から帰国した翌年の１８３７年とされ、実にミミズ研究を30年以上行い、詳しいミミズの習性の記述は、その後のミミズの研究と普及に大きな影響を及ぼしました。

イギリス人は、ニュージーランドへの移住にさいし、ミミズを持ち込み、草地を育て酪農王国を築いたといわれます。オランダの干拓地においてもミミズは農地化の促進に活躍しています。生ゴミをすばらしい堆肥（バーミコンポスト）に変身させるミミズ飼育箱（バーミコンポスト容器）は、世界各地の茶の間に、また環境教育として学校に置かれ、ミミズは大活躍しています。

＊

日本のミミズは第二次大戦前は、水田畦に孔を開け漏水させる、豚肺虫の中間宿主となるなど、負の面が強調されました。しかし日本でも戦後は三度、ミミズ本来の底力に対し、注目をあびました。

まず１９６０（昭和40）年代。ニュージーランドからミミズの専門家が招聘され、北海道各地を視察し、草地生産性を高くかつ長期に維持するにはミミズの活用が必要であること、そのための優良なミミズの種類が北海道に生息することを勧告しました。勧告書（補足報告8号）では、ニュージーランドでは酪農家が１９２５年にはミミズを草地に移植していたと記されています。北海道開発局は勧告の基礎となる調査を1963年から実施し、さらに1966年に札幌（月寒）のミミズを根室（中標津）の牧草地に移植する実験を行いました。

第二は1970年代。当時の新聞には、公害対策の先兵として、各種産業廃棄物の処理にミミズを活用する動きが報じられました。ヘドロの元を食べ、糞土も新肥料として売れるとあっては、公害防止装置と肥料工場を併設したようなもの、との記事もあります。ミミズ活用の全国的広がりのなかで、1976年、日本みみず協会が発足しました。

第三は1990年代。ソ連崩壊に伴う食料や農業資材の輸入が途切れたキューバは、食料の自給政策をミミズ活用を基盤に勧め、有機農業大国となりました。この動きは日本の有機農業に大きく影響を及ぼし、ミミズ糞→良質の土→健康な食物、との記事もあります。さらにゴミの減量が社会的な課題となり、ミミズによる生ゴミの堆肥化を、環境教育の教材として活用する運動が呼びかけられました。

＊

本書では日本でのミミズの有用性をめぐる人間活動の状況と今後の可能性を考えてみました。第1部はミミズの種類、食性など基本的な事実、ミミズに安心して生活し、はたらいていただくための人間の生活（労働）条件、およびミミズが活躍する土づくり・堆肥づくりを用いた「土壌圏活用型農業」を解説し、その生産物の特徴などを記しました。第2部は農業の現場でのミミズのはたらきと活用の現況、および第3部は環境保全の場ではたらくミミズの姿を紹介しました。

なお、第1部本文中にあるミミズによる生姜保存方法は横山忠彦氏（高知県）、長期保存米の特性は松岡武雄氏（茨城県）、また、二重被覆法は榊原忠三氏（神奈川県）らの先駆的な発想と実験から学び実証した結果です。さらに「ミミズと微生物との関連」は中村和徳、「土壌圏活用型農法産物の特徴」は中村好徳の両氏の執筆によるものです。

安全で良質の作物を作るためには、耕地の土壌の質が大きくかかわってきます。耕地の土壌は、土壌圏の三つの機能、つまり生産機能（作物が育つことなど）、分解機能（堆肥や作物残渣がしだいに消えることなど）、自浄調整機能（雨水が染み込んだり、病害虫が発生し病気が回復したりすることなど）によって良好に保たれます。この土壌圏の機能をスムーズにはたらかせたり、そのはたらきの程度を決める重要な役割を果たしているのが、ミミズなどの土壌動物や微生物です。

＊

ミミズは土壌動物のなかで特に優れた機能を持っています。食べる、尿をする、糞をする、動き回るといった生活を通して、さらに死後はその死体によって、前述した土壌圏の機能を活性化させる条件をつくる「土壌圏の技術者」なのです。

そのミミズは、日本では5科（フトミミズ科、ツリミミズ科、フタツイミミズ科、ジュズイミミズ科、ムカシフトミミズ科）が知られています。棲む場所の特徴に基づき、堆肥生息型、枯葉生息型、表層土生息型、土壌生息型の四つの生態に大別されます。堆肥づくりの場面で活躍するのは、シマミミズ（ツリミミズ類）。また、草地ではツリミミズ類、無農薬・無化成肥料、無耕起の畑地ではフトミミズ類が多く、田んぼでは水のある期間はミズミミズ類が大部分で落水後はヒメミミズ類がしだいに多くなり、収穫後はツリミミズ類、フトミミズ類も入り込んだりします。

健康な土、生きている土づくりのためには、土壌動物や微生物は必要不可欠な存在。ぜひともミミズの知られざる素顔や有用なはたらきを知っていただき、土壌の健康度を高めると同時に安全・安心の作物を作る手がかり、ヒントをつかんでいただければ幸いです。

２０１１年 10月

中村 好男

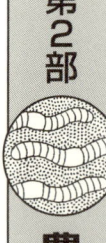

第1部

ミミズの素顔とはたらき

中村好男 ほか

堆肥用にシマミミズの飼育

ミミズの種類・分布と体の特徴

ミミズの種類と分布

ミミズは「地球の虫」（アースワーム）、「大地の腸」というスケールの大きい名前をもっています。人類と長い付き合いがあるにもかかわらず、いつもは土の中にいるせいか、かならずしも関心をもたれていません。農業や環境を支える土壌動物として、ミミズの素顔やはたらきを知りたいところです。

ミミズ（貧毛綱）は、背骨のない無脊椎動物の環形動物門に属します。魚釣りの餌となるゴカイ（多毛綱）や、人や獣の血を吸うヒル（ヒル綱）なども同じ環形動物門に属し、ミミズとは近い関係にあります。

貧毛綱は（1群）アブラミミズ類、（2群）ミズミミズ類・イトミミズ類・ヒメミミズ類、（3群）オヨギミミズ類および（4群）ナガミミズ類・ツリミミズ類・フトミミズ類に分けられています。一般的にミミズといわれて知られているものは、このうち第4群に属するものを示し、この本では第2と4群に属するミミズをとりあげています（図1）。

これまで世界で知られている貧毛綱の種類は約7000種、日本では約100種ともいわれますが、ほとんど分類が進んでいない仲間（例えばヒメミミズ類）もあり、はっきりした種類数は不明です。

生息場は深い湖底、ツンドラの草原、氷河、熱帯雨林など多岐にわたります。生息場の特徴からは、水田や河川に棲む水性類（イトミミズ類など）と、畑の土やゴミ捨て場に棲む陸生類（ツリミミズ・フトミミズ類など）に、また体の長さによって大型類（ツリミミズ、フトミミズ類など）と小型類（ヒメミミズ類など）に分けられます。通念としてミミズといわれているのは大型類であり、陸生類であるミミズを指しているのです。

大型陸生類はムカシフトミミズ科（例えば発光するホタルミミズ）、ジュズイミミズ科（日本一長い

(図1) 分類体系の位置、その仲間（波線は土壌圏生息）

環形動物門（無脊椎動物）

- 原始環虫類（海砂中）（ムカシゴカイ）
- 多毛綱（大半が海産）（アカムシ、ゴカイ）
- 貧毛綱（ミミズ）
  - 原始貧毛類区 ―（1群）原始生殖門類 ― アブラミミズ科
  - 真貧毛類区
    - 近生殖門目（2群）
      - ミズミミズ亜目（水生）― ミズミミズ科
      - イトミミズ亜目（水生）― イトミミズ科
      - ヒメミミズ亜目（小型陸生・水生）― ヒメミミズ科
    - 前生殖門目（3群）― オヨギミミズ亜目（水生）― オヨギミミズ科
    - 後生殖門目（4群）
      - ナガミミズ亜目（大型陸生）― ジュズイミミズ科、ムカシフトミミズ科
      - ツリミミズ亜目（大型陸生）― ツリミミズ科
      - フトミミズ亜目（大型陸生）― フトミミズ科、フタツイミミズ科
- ヒル綱
- ユムシ綱（海底の汚泥中）

「土と微生物」中村好男1974（土壌微生物研究会）「動物系統分類学」山口英二1967（中山書店）
を参考にして作成

(図2) ミミズの外部形態

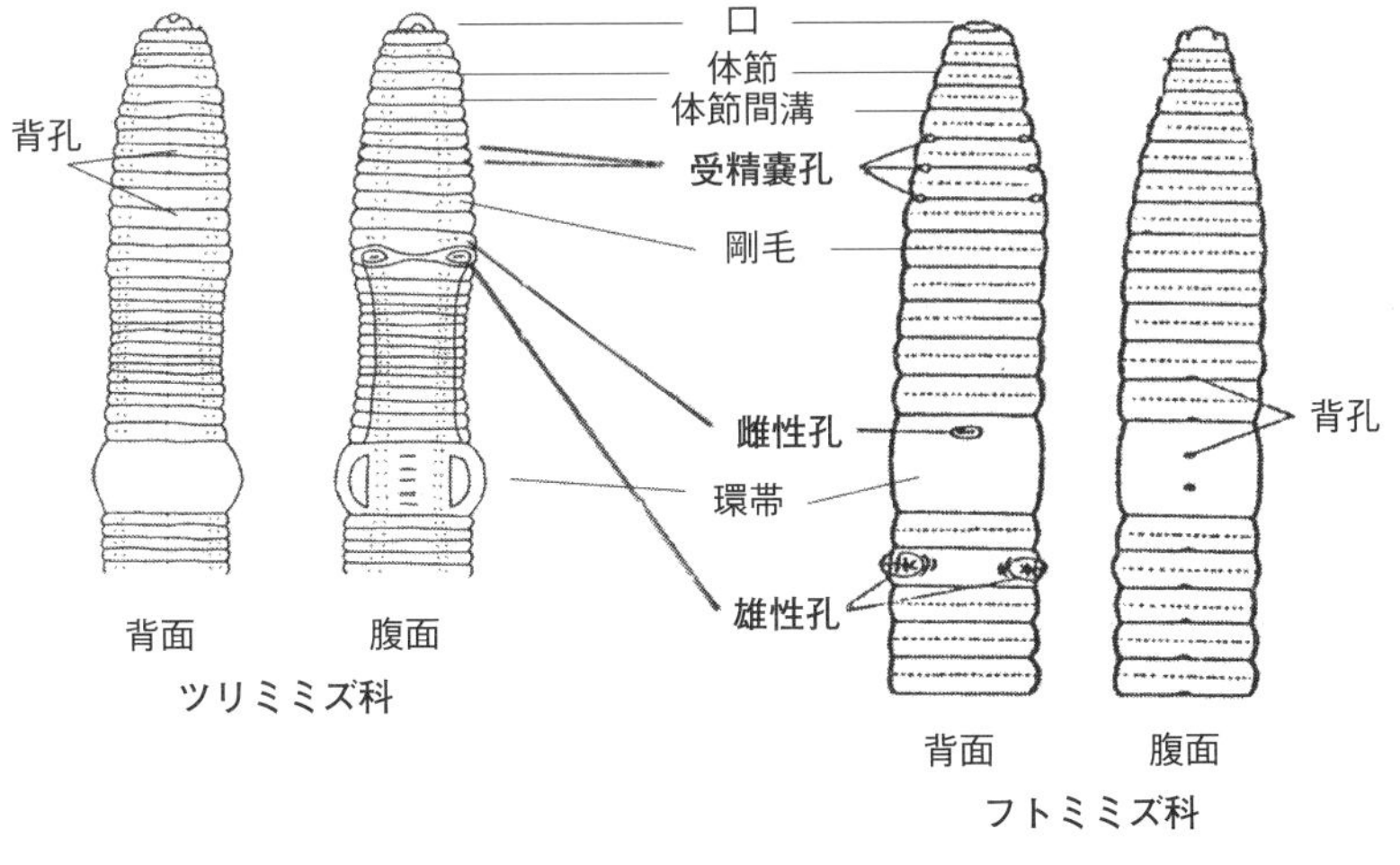

左：「草地試研報」中村好男1972（草地試験場）
右：「復刻みみず」畑井新喜司1931（サイエンテイスト社）

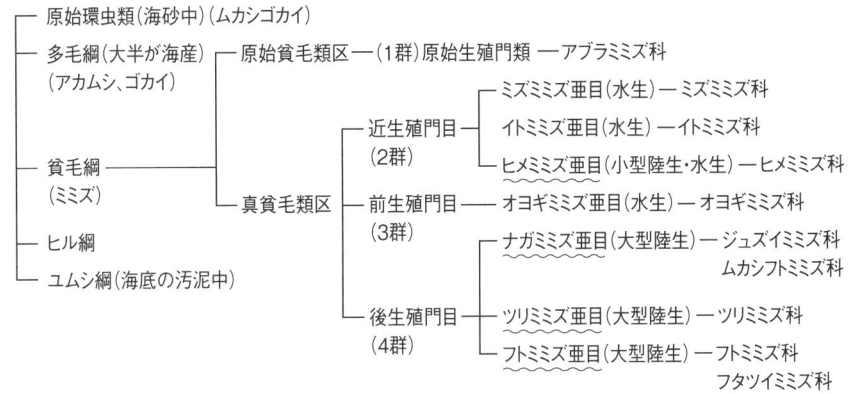

ハッタミミズ）、ツリミミズ科（生ゴミの堆肥化で活躍するシマミミズ）、フトミミズ科（土づくりではたらくヒトツモンミミズ）およびフタツイミミズ科（大型だが体幅1.5㎜と体の細いハトマフタツイミミズ）など5科からなります。

体長は数㎜以下の小型類から、南米や東南アジアに棲む体長2ｍ以上の大型類もあります。南アフリカには7ｍ近い巨大な体を動かして、道路の端から端まで体を横たえていたという記述もあります。

本書でとりあげるミミズは、畑の土づくりでは大型陸生類のツリミミズ類とフトミミズ類および小型陸生類のヒメミミズ類、水田では水生類のイトミミズ類、また堆肥づくりでは大型陸生類のシマミミズです。

陸生のミミズを用いて、その特徴を見てみます。なお、大型と小型類をまとめて称して「ミミズ」、複数の種類を称すのに「ミミズ類」とします。

ミミズの外観の特徴

体の色は大型類が灰色から黒褐色で、小型類は乳白色からやや黄色、半透明で体内が見えます。体は一本の細い管のように見えますが、実は多数の節のつながりからなります（図2）。その節と節の間の管を体節といいます。体節の数は150以上ある種類もあります。

最初と最後を除いた体節のすべての体節それぞれのほぼ中間に、剛毛と呼ばれる硬い短い毛が一列ぐるりと体節を一周して存在しています。1体節にある毛の数と形は変化に富みます（図3）。毛の先端がやや曲がっていたり、二股になっていることもあります。一本ずつ離れていたり、数本が束（剛毛束）になったりしているものもあります。この剛毛を、出したり引っ込めたりすることによって、ミミズは移動することができます。

長い体の少し太いほうが頭で、先端に口があり、その口に上唇（口前葉）があります。口の反対側が尻です。体の濃い色のほうを背側といい、やや凹んでいる体節と体節のつなぎ部分（体節間溝）には、背側のほぼ中心に背孔という小さな孔が一つずつあります。頭のほうから数えて何番目の体節間溝に、

（図３）外観および剛毛の形と配列

（背面）

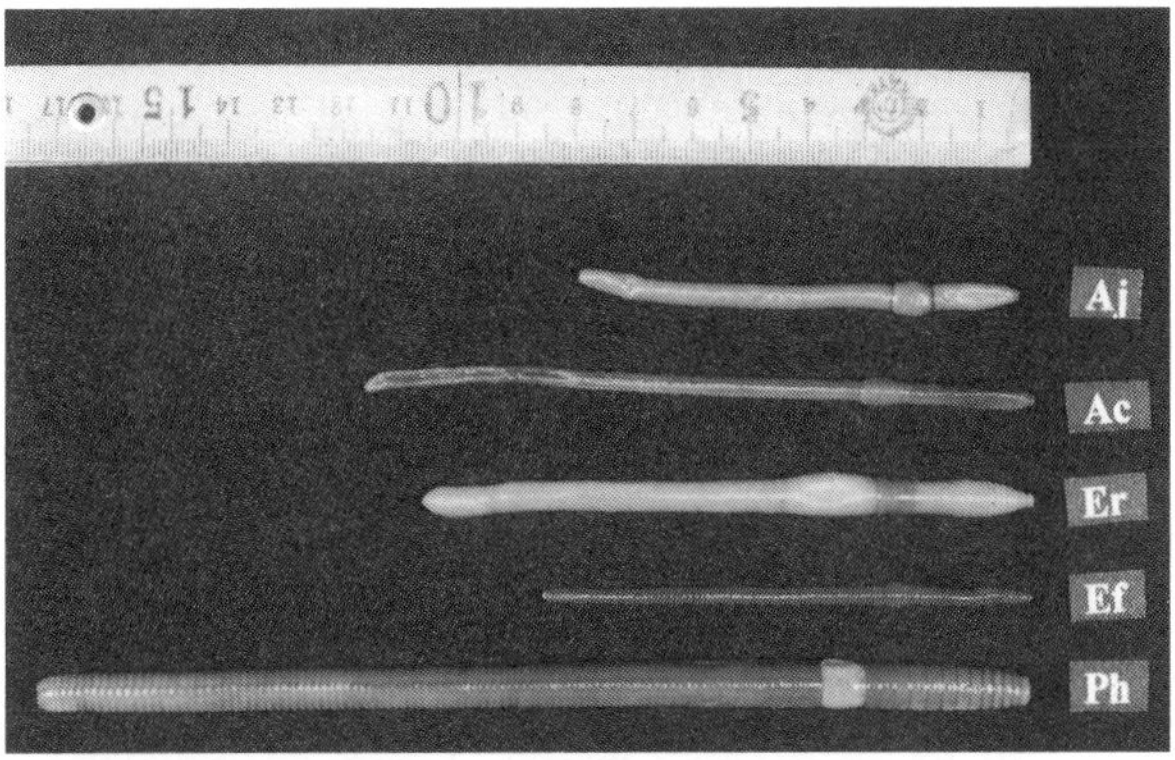

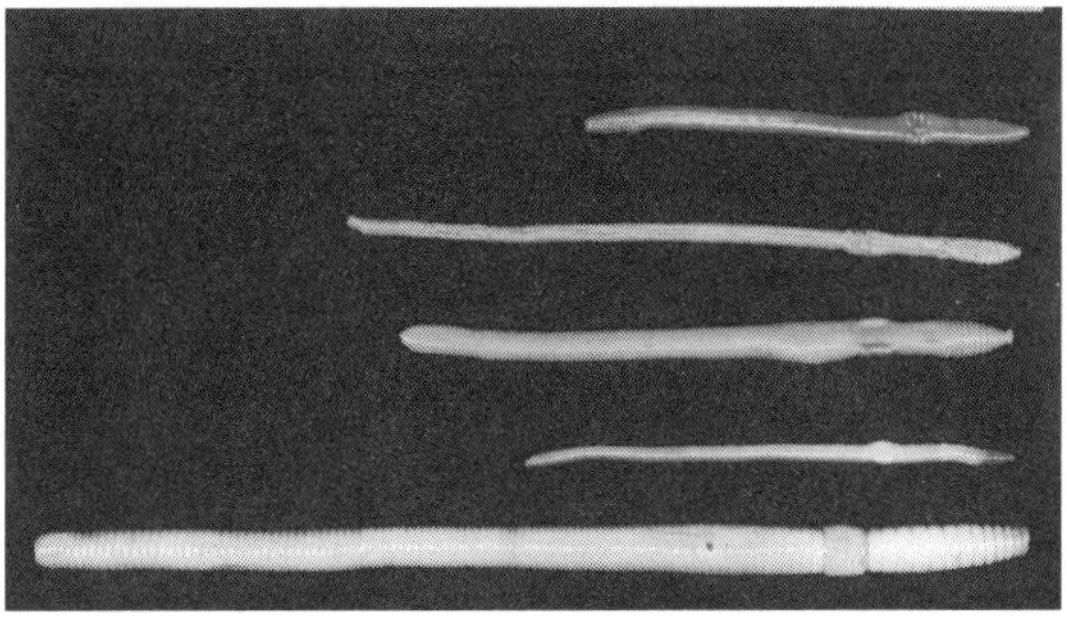

Aj　サクラミミズ
Ac　カッショクツリミミズ
Er　バライロツリミミズ
Ef　シマミミズ
Ph　ヒトツモンミミズ
（フトミミズ属）

（腹面）

（形）　（配列）

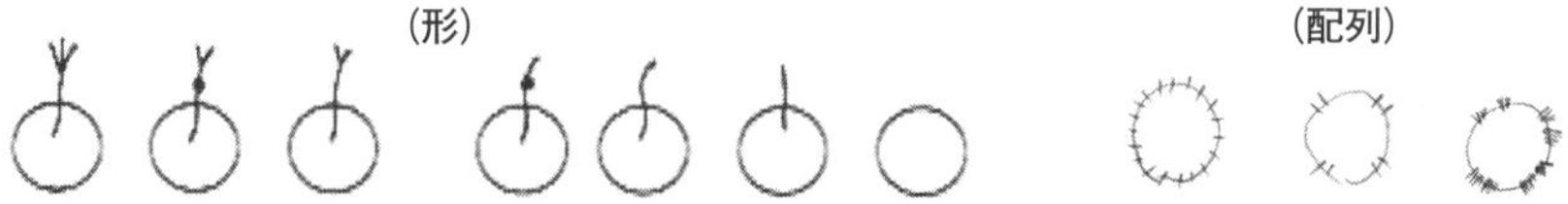

水生ミミズ型　陸生ミミズ型　均一　2本近接　束

（図４）ミミズの内部形態

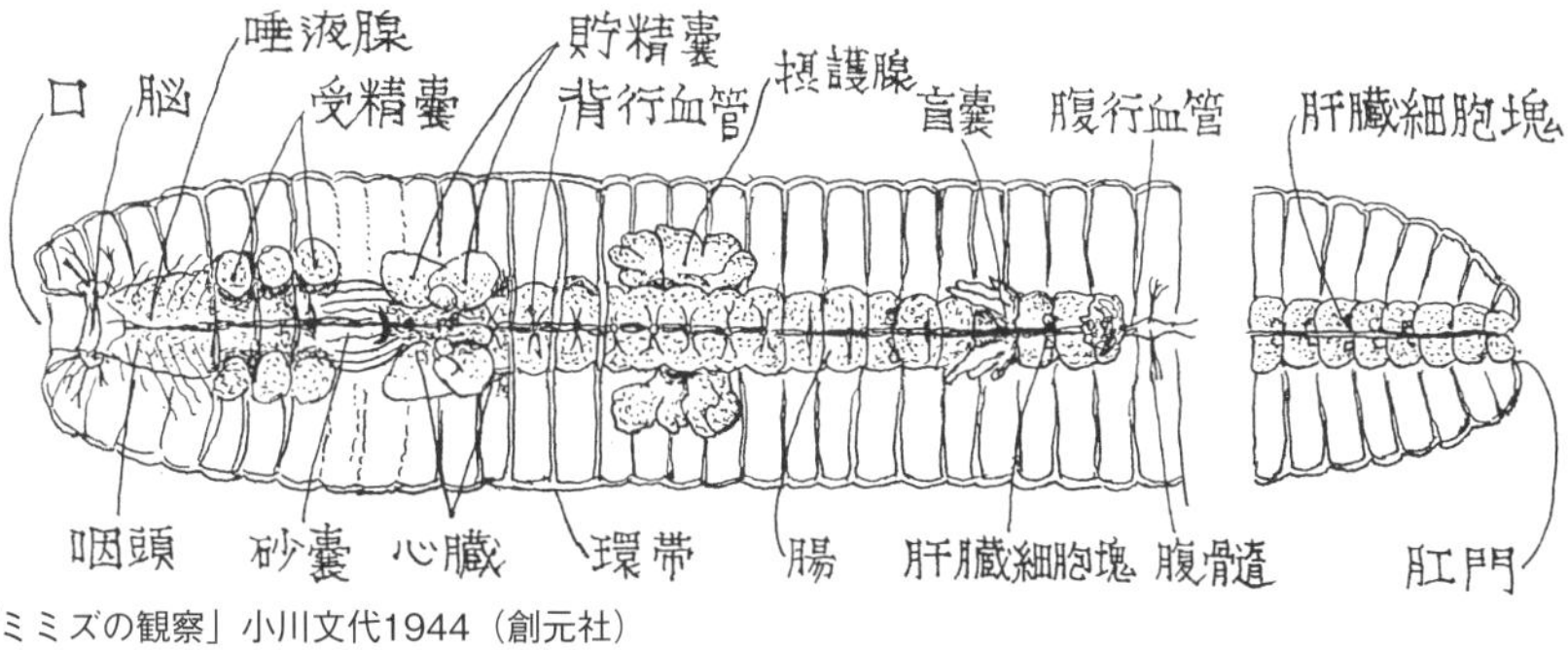

「ミミズの観察」小川文代1944（創元社）

初めの孔があるかは種類によって異なります。

成体（おとな）のミミズは、口部のほうに鉢巻をしたように盛り上がった環帯があります。環帯は体をぐるり一周する（円周型、例えばフトミミズ類）のと、まるでまたがるように半周する（鞍型、例えばツリミミズ類）種類があります。腹側には雄・雌の生殖器と精子を受け取る孔（受精嚢孔）などがあります。乳頭や斑紋をもつ種類もいます。幼体（こども）にはこれらはありません。

体内構造の特徴

体内構造（図4）を観察するためには、体を切り開きます（皮膚が半透明なヒメミミズ類や水生類は切り開きません）。

まず、濃い色の背側を上にし、尻（肛門）から頭（口）に向かって皮を切り開きます。環帯より前方に膨らみ（砂嚢など）や、いろいろな形の袋状の付属物（受精嚢など）が左右対称にあります。環帯から後方は腸で、環帯の近くに小さな付属物（腸盲嚢）をもつものもいます。

切断図（図5）を見ると外側の皮（硬いガラス質の外皮と表皮）が、筋肉からなる体壁をおおい、剛毛が筋肉を貫いています。その下（内側）の管に腸などの消化器官があります。消化器官と皮膚の間を液体（体腔液）が満たしています。

体壁に輪の形をした筋肉（環状筋）と、いくつもの体節にまたがる長い筋肉（縦走筋）があります。環状筋を縮めると体が細くなり、縦走筋を縮めると体が短くなります。動くときは、これらを交互に緩めたり縮めたりします。

腸を通過する食べものは、筋肉の強力なはたらきにより、細かく砕かれ、腸内に分泌される酵素などと混合されます。筋肉は土の中の細い隙間を広げ、体をねじこませるうえで活躍します。

ミミズの呼吸法

ミミズは、肺など呼吸の特別な器官をもっていません。粘液で皮膚を常に湿らせ、その皮膚を通じて酸素と炭酸ガスを交換します。そのため水中でも長時間生きていることができるので、釣りの餌に使わ

（図５）ミミズの切断図

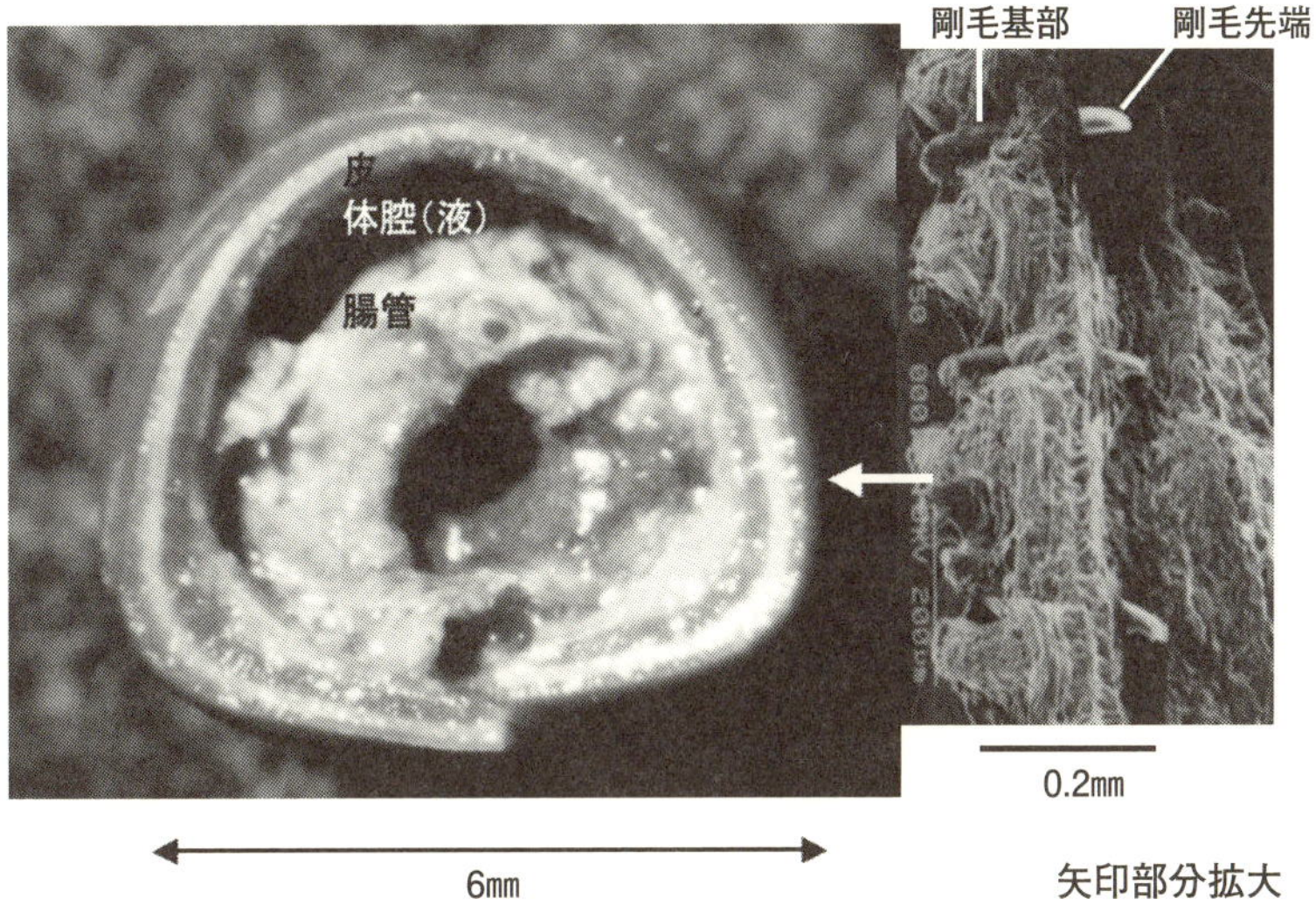

（図６）フトミミズ類の腸盲嚢

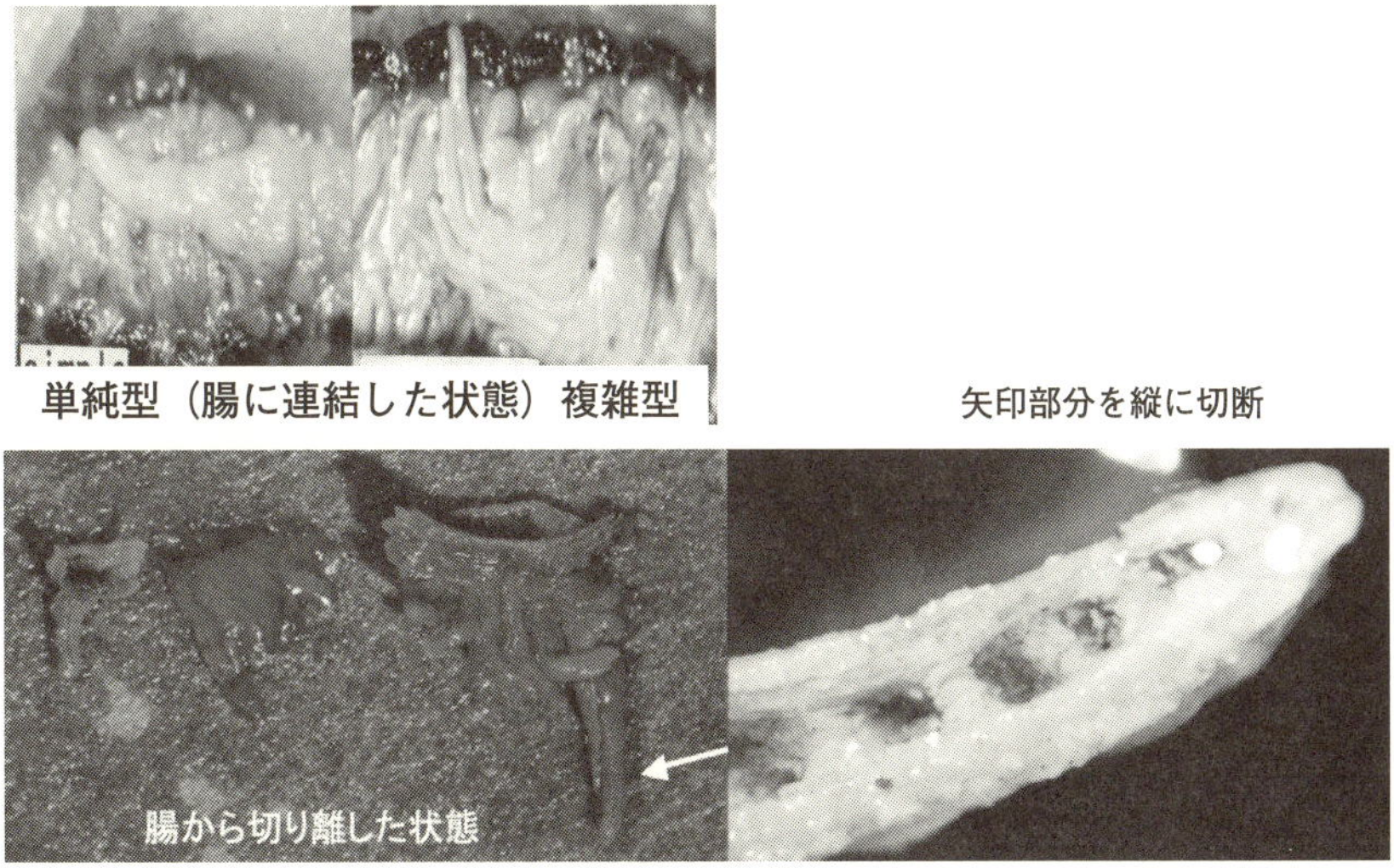

れます。

腸など消化器官のある内側の管には、背（背行血管）と腹（腹行血管）に太い血管があり、それぞれの体節にある細い血管が、この二つの血管を結んでいます。背行血管の始まりが激しく拍動する種類や、体の前のほうに拍動する心臓がある種類もいます。血液は赤い色をしていますが、赤血球ではなく血色素です。

食環境で消化器系は変化する

ミミズの体は、頭から尻までの一本の消化管といえます。口の先の上側に口前葉といわれる唇があり、ついで咽頭、食道となり、そして少し膨らむ嚢、砂嚢となります。そして、長い腸がつながり肛門となります。消化管の壁からは酵素などが分泌され、消化を助けて栄養素を吸収します。

腸内を中和し、二酸化炭酸ガスを固定し、さらに余分なカルシウムを排出するとされる石灰腺をもつ種類や、酵素を出す腸盲嚢をもつ種類もいます。この腸盲嚢の役割は、十分に解明されていません。畑（つくばの試験地）の管理方法が変わると、腸盲嚢が単純型から複雑型の種類に移行することが観察されており、ミミズの食環境に応じて変異しているのではないかと推測されます（図6）。

かみ切るはたらきをする歯や、液を吸うような針状のものなどはなく、唇を伸ばして食べものを丸め込むようにして呑み込みます。その引っ張る力は強大であり、枯葉や野菜くず、湿った新聞紙などを簡単に引きちぎります。唾液でグショグショにして食べることもあります。

発達している感光細胞

光が当たったり、何かに触れると体を激しく動かします。眼・耳などはなく、神経は頭部に集中し小さな脳があります。神経は体のすみずみに届き、皮膚は光・圧迫（刺激）・化学物質などに反応します。特に口前葉にある特殊な毛（感覚毛）が危険を察知し、また食べるにふさわしい物質であるか否かを判断しているようです。

感光細胞が発達し、光の強弱に対して、行動を使

（図７）フトミミズとヒメミミズの受精嚢

フトミミズ

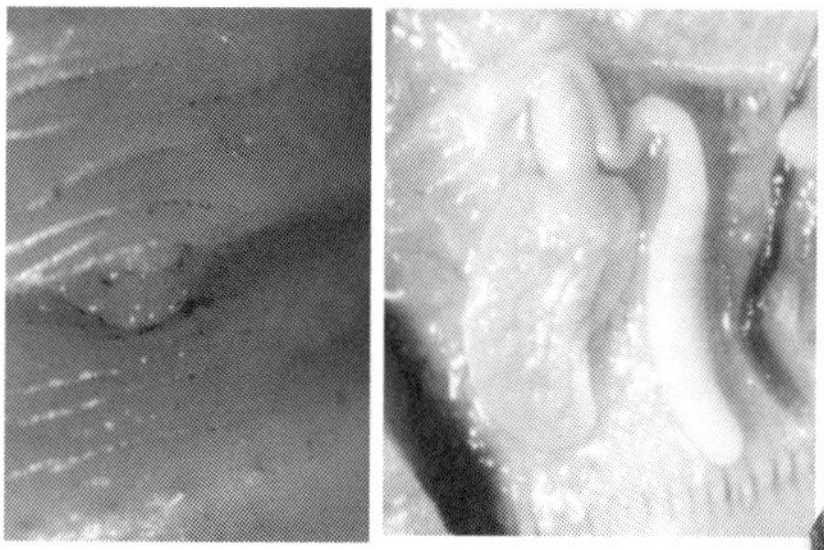

体外に開いた孔（受精嚢孔）　腸に付着した受精嚢

ヒメミミズ

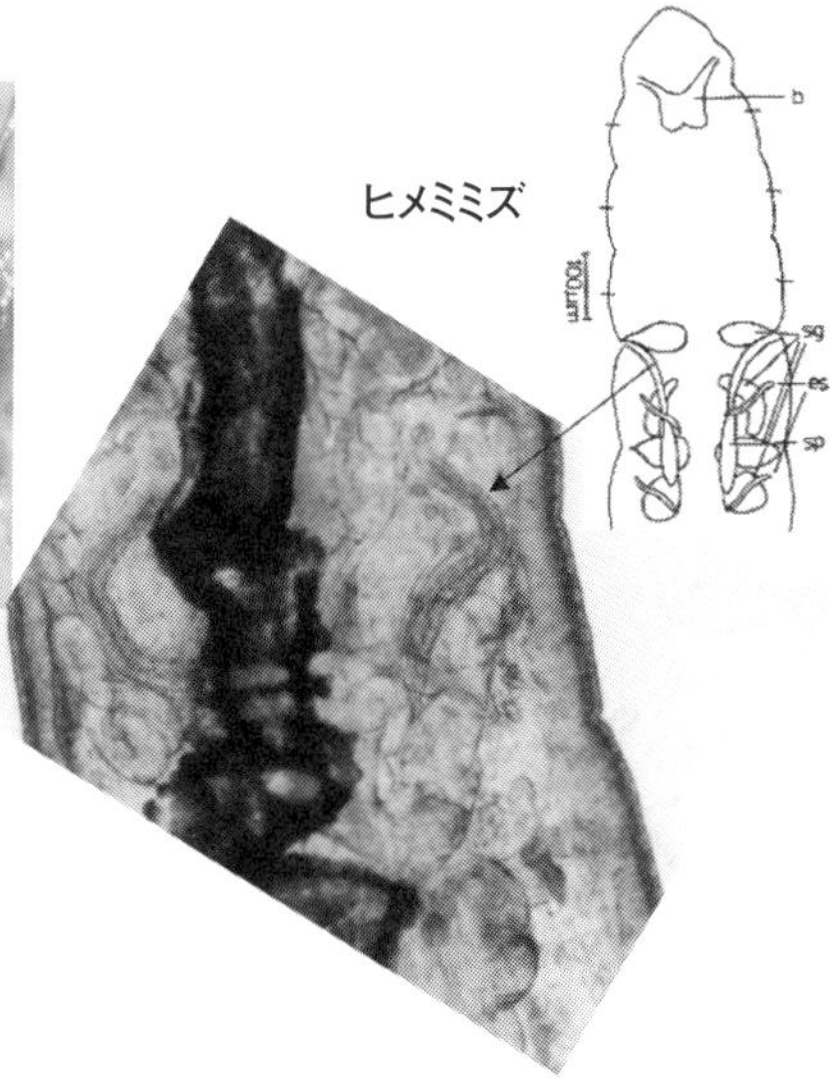

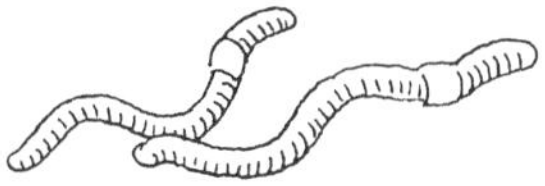

い分けます。強い光に対しては負（避ける）、弱い光には正（向かう）の趨向性を示します。夕方や朝、あるいは曇天下や草でおおわれた地表で活動します。

ミミズの多彩な分泌物

ミミズの体は常に湿り、手についたぬめりにはほのかな臭いがあります。この湿りは皮膚に開いた管（腎管）からの分泌液によるもので、ほとんどの体節にあります。体外に排出せず腸内に分泌する種類もあります。

　分泌液の成分は尿素、アンモニア、アミノ態窒素、尿酸、非タンパク態窒素、糖などからなり、非タンパク態窒素が半分を占めることもあります。

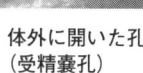

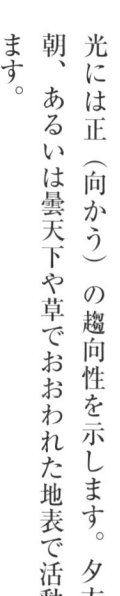

雌雄同体のミミズ

　一つの体が、雌と雄の役割をします（雌雄同体）。雌器官の卵巣、輪卵管、雌性孔、また雄器官の精巣、輪精管、摂護腺、雄性孔などがあります。さらに、他個体の雄性孔から出た精子を受け取り貯える、体外に開いた孔をもつ袋（受精嚢）がありま す。これらの生殖器官は体の前方に集中します。

多くの種類は、両性殖器を備えているのですが、他の個体と精子の交換をしなければ繁殖できません。受精は雌性孔から体外に出された卵子に、前もって受精嚢に貯えておいた精子で行われます（図7）。

粘液が病気を防ぐ

少しの振動でも地表に飛び出すのは、外敵から逃避する行動といわれています。体温は棲み場所の温度状況によって変化（変温動物）するので、体温の維持のために、高いエネルギーを必要としません。棲む場所の温度が、はなはだしく低下するにともない、体温も低下し、ついに休眠します。また著しい乾燥も休眠にいたらせます。

北海道産のミミズ類を0℃からしだいに温度を上昇させたところ、20℃近くから動きが活発になり、25℃で脱糞し、30℃ほどで死亡しました。体液内に耐冷性に有効な成分（グリセロル）をもち、雪の上で動き、零下15℃にも耐える種類もいます。地温上昇や下降にともない、地下深くに逃避します。

多くの種類は、背孔や皮膚から分泌される粘液（ぬめり）が皮膚を常におおい、病気にかからないようにしていると思われます。背孔から液が30cmの高さまで放出されることもあり、外敵を驚かす効果はありそうです。成分はほとんどがタンパク質です。この液で人の生殖器が腫れたという経験談をよく聞かされます。たしかに瞼につくとヒリヒリします。

シマミミズの体液（粘液など）は、溶血、細胞毒性、血液凝集、抗菌などの作用をもちます。この効果を活用した脳血栓の溶血剤や、避妊剤などが検討されています。古くから乾燥ミミズ（地龍エキス）の煎じ汁は熱冷ましに使用され、成分はルンブロフエブリンです。

最近、日本から、リン脂質に特異的に結合するライセニンという生物活性タンパク質が発見されました。この物質は、ごく微量でもメダカを死亡させ、アブラゼミやハムスターなどの精子も死亡させます。ミミズ（種類不明）から、人型結核菌の成長を抑制する物質が報告されました。腸内に生息する多種多様な微生物や腸盲嚢からも、なんらかの抗菌物質が分泌されているかもしれません。

発光性のある粘液をもつ種類は、大型ミミズで多数見つけられています。日本産のホタルミミズの発光は、体外に流れ出た液の反応（細胞外発光）で起こります。シベリアのタイガからヒメミミズ科として初めて発光する種類が発見され、その発光は体内で起こり、体全体が光るものでした。このヒメミミズの発光は、ホタルと同じ細胞内発光と推定され、ルシフェリンとマグネシウム（MgATP）が関与します。

口（口前葉）の感覚毛などの器官を駆使して、農薬や重金属に汚染したところを避けることもあります。体内に解毒機構を発達させた種類もいます。例えば、①重金属などを体後部の皮膚と腸の間、体液内に老廃物の粒として無害な状態に留める（ツリミミズの種類）、②その粒のある後部を切り離す（ヒメミミズの種類）、③汚染環境に耐える能力（耐性）が発達する（ツリミミズの種類）などです。

ミミズの生態型と食性・繁殖

日本固有の生態型

水生類と陸生類とに区別されるミミズですが、陸生類でも、水分が極端に少ないところでは生きられません。水分がきわめて多いところに棲むものは、水生類に近い性質を示します。

陸生のミミズは、それぞれの種類が棲む場所の特徴に基づき、堆肥生息型、枯葉生息型、表層土生息型および下層土生息型の四つの生態型に分けられます（図８）。

大型類の堆肥生息型のシマミミズは、畑に撒布された堆肥とともに畑に入っても、畑で増えることはありません。また完熟した堆肥よりも、堆肥化進行中の堆肥に見られ、つまり堆肥化に活躍する種類です。このシマミミズと枯葉生息型の種類は、畑から

（図８）日本の陸生ミミズの生態型

堆肥生息型	枯葉生息型	表層土生息型	下層土生息型
大型　シマミミズ(ツ)	キタフクロナシツリミミズ(ツ) ムラサキツリミミズ(ツ)	サクラミミズ(ツ) カッショクツリミミズ(ツ) ニオイミミズ(フ)	バライロツリミミズ(フ) ヒトツモンミミズ(フ) ハタケミミズ(フ)
小型　ヒメミミズ属	ツリヒメミミズ属	コブヒメミミズ属	ハタケヒメミミズ属

(ツ)ツリミミズ科　(フ)フトミミズ科

「農業及び園芸」中村好男1988（養賢堂）
「根の研究」中村好男2001（根研究会）

見つかることは滅多になく、土づくりと直接関連はなさそうです（後述するごとく、枯葉を活躍させる農法においては、有用の可能性があります）。土づくりには、表層土生息型および下層土生息型の種類が活躍します。

ミミズの活用について考える場合、堆肥生息型のシマミミズは扱いを別にします。さらに欧米の研究叢書や単行本を引用する際に注意すべきことは、欧米で、ふつうミミズといえば小型類（ヒメミミズ類など）を除いた大型類のことです。さらに、シマミミズの属するツリミミズ科の種類のことを指し、フトミミズ属のことはめったに考慮されません。

それに対して、日本ではフトミミズ科（属）の種類が普通に見られ、ツリミミズ科の種類は、めったに見つからないという日本固有の種類組成の違いに留意する必要があります。

小型類のヒメミミズ類は、生ゴミの堆肥化にシマミミズとともに活躍します。特にシマミミズの活動が落ちる冬季は大いに活躍します。耕起によって大型ミミズに致命的打撃を与える現代農業においても、あるいは大型ミミズを食べるモグラの害を避けたい場においても、ヒメミミズ類は体が小さくモグラの餌として不適であることから有効です。水田では水生類とともに、特に水のない時期（中干しや落水後の秋と冬）に活躍します。

さまざまなミミズの食性と酵素

食性のことは棲む場所の食べものを観察したり、腸の内容物を調べたり、複数の食べものを選択実験させることによって推定してきました。棲む場所の特徴に基づいた4生態型は、主な食性と関連し、堆肥生息型は堆肥、枯葉生息型は枯葉を食べます。野外から採集された表層土生息型および下層土生息型ミミズの腸内から、土（鉱物）とともに枯葉や腐りかけの葉など植物質、糸状菌・細菌など微生物、トビムシなど小動物やその糞も見られます。

腸内にはいろいろな分泌液があります。これまでの研究によると、25種類の大型ミミズの腸から15種以上の酵素が見つかり、特に植物繊維を溶かすセルラーゼは、シマミミズなど多くの種類がもっています。さらに、シマミミズからはホスホターゼ（リン酸の有効化）、カタラーゼ（酸素ガスの発生）、ペルロキシターゼ（酸化還元）、エステラーゼ（低脂肪酸エステルの加水分解）なども見つかっています。

そのほかのミミズからは、リケナーゼ（D－グルコース分解）、プロテアーゼ（タンパク質分解）、アミラーゼ（多糖類分解）などが見つかりました。一方、一つの酵素のみが見つかった種類もいます。腸内に存在する酵素を、ミミズの生態型と関連させて検討する必要があります。なお日本の種類については、ほとんど分析されていません。

これまで、これらの酵素は腸内微生物の産生物との説が定着していました。しかし、最近の研究によると、セルラーゼ、グルコシダーゼ（糖の加水分解）、ホスホターゼをミミズが自ら産生する例が知られています。いろいろな酵素の存在によって、ミミズはいろいろなものを栄養源としているようです。

陸生大型ミミズは、土中に孔（道）を掘ってそのなかに棲み、土を呑み込み、そのなかの有機物を栄養にしたり、地上にある枯葉などの有機物を食べたりします。その枯葉とともに、葉に付着しているカビなどの微生物も食べます。

陸生小型ミミズは、口の大きさから細かい有機物や菌糸を呑み込みます。小さな種類はすでに褐色で軟らかくなった落ち葉のまだ葉緑体を含む内部に侵入し、表皮を持ち上げて食べ、葉脈だけが残ります。大きな種類は葉の内部に侵入せず、小片に引きちぎります。収穫後の刈り株の麦や稲の茎内部に侵入し軟らかい組織を食べ、根の腐れた部分をはぎ取ることもあります。

小動物の死体や硬いものは、あらかじめ自身の唾液（分泌液）で軟らかくして呑み込む（呑み込み前消化という）、あるいは腐生性細菌が活動し軟らかくなったものを食べます。遊離アミノ酸を体皮から直接吸収する種類もいるようです。

水生ミミズは、水中植物の茎の表面の水垢を、泥の表層に棲む種類は藻や珪藻などを食べます。かなり深い湖底から採集されたこともあり、その場合のミミズの密度は高く、湖水の物質代謝に重要な役割をもっているといわれます。水田ではたらくエラミミズやイトミミズなどは、泥のなかに棲み、泥土を呑み込み、そのなかの有機物を栄養とします（くわしいはたらきは第2部を参照）。

繁殖の仕組み

卵を産む？　体を二つに切って増える？

一つの体に、雄と雌の器官を備える（雌雄同体）にもかかわらず、繁殖は一般に他個体との交接によって行われます。自己の両器官を用いた自家受精や単為生殖、あるいは体を切断し無性的に増殖（砕片分離）する種類もいます。

大型類は二つに切れた体の両方が成長することはなさそうで、しばらくどちらも動いているが後方部分が死にます。シマミミズを用いた実験によると、切断位置がどこであっても、どちらも死ぬ場合もあり、また切断位置によって再生する体節数が異なりました。

小型類のヒメミミズ類には、体を多数の断片に切断し、それぞれが再生し増殖する種類が、日本でも

（図９）ヒメミミズの交接

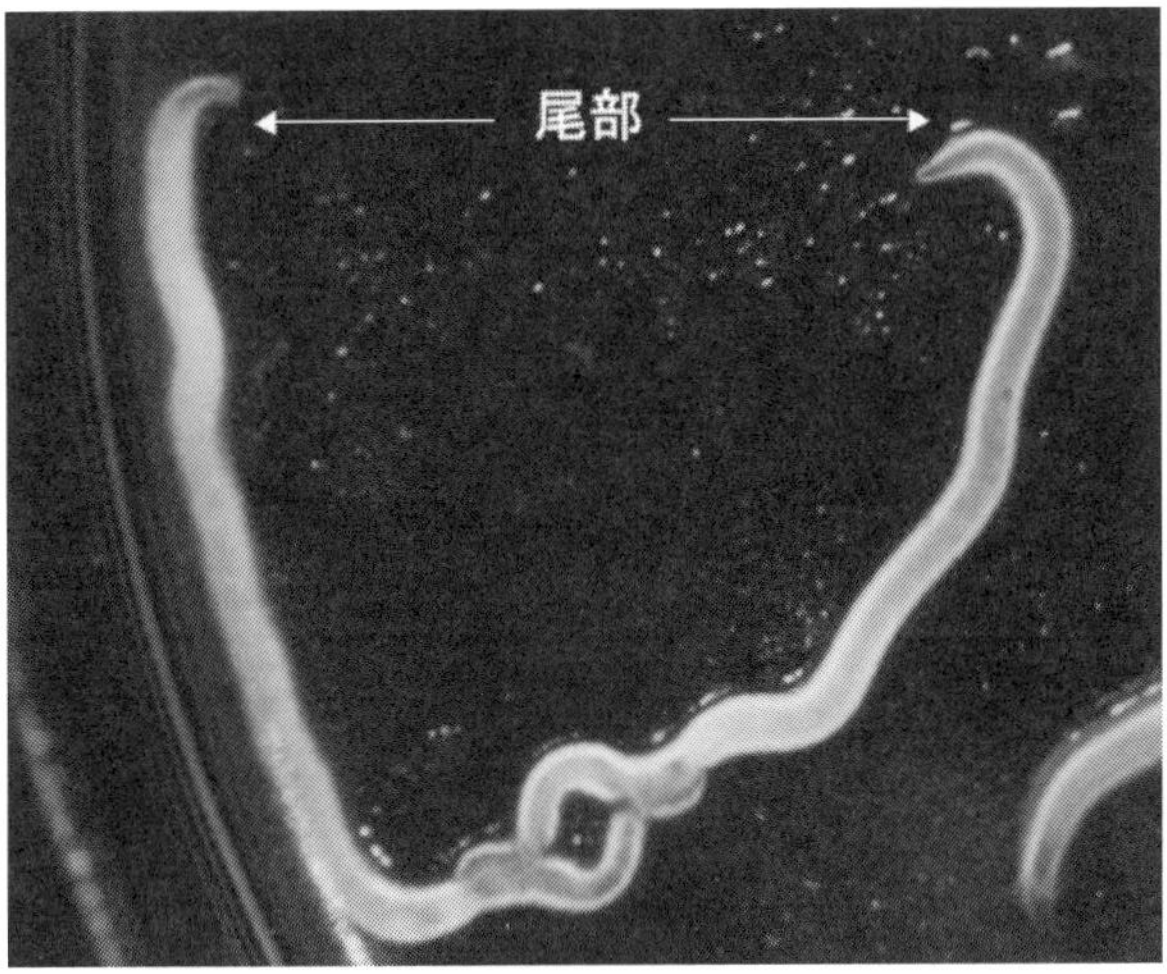

採集されました（後述）。
　交接は、互いの前体部の腹側を互い違いに密着させ、お互いの雄性孔から排出された精子を受精嚢孔を通じて受精嚢に貯め込み、交換します。このときに卵子は受精しません。受精には受精嚢に貯えておいた交接相手の精子を用います。受精嚢に貯えられた精子は、低温貯蔵しなくても、６カ月は効力が保持されるようです。交接のさい環帯を粘液でしっかり固定することもあります（図９）。
　卵の両端にある小さな突起は、独特な産卵の仕方によって作られます。まず環帯から粘液を出し、卵を入れる袋を環帯のところに帯状に作ります。その帯を前方にずらし（帯を孔の壁に圧着し、体を後ろにずらす）、その途中で、自分の卵子と交接相手から受け取った精子を帯に入れ受精させ、頭（口のある）から脱ぎ、卵（卵包《らんぽう》という）を産みます。
　そのとき帯の両端が閉じ、やっと袋となり両端に突起ができます。幼体が孵化するとき、閉じたところを押し広げるようにして脱出します。卵には硬い殻がなく、放っておくと乾燥してしぼんでしまうので、

(図10) 卵包のいろいろ

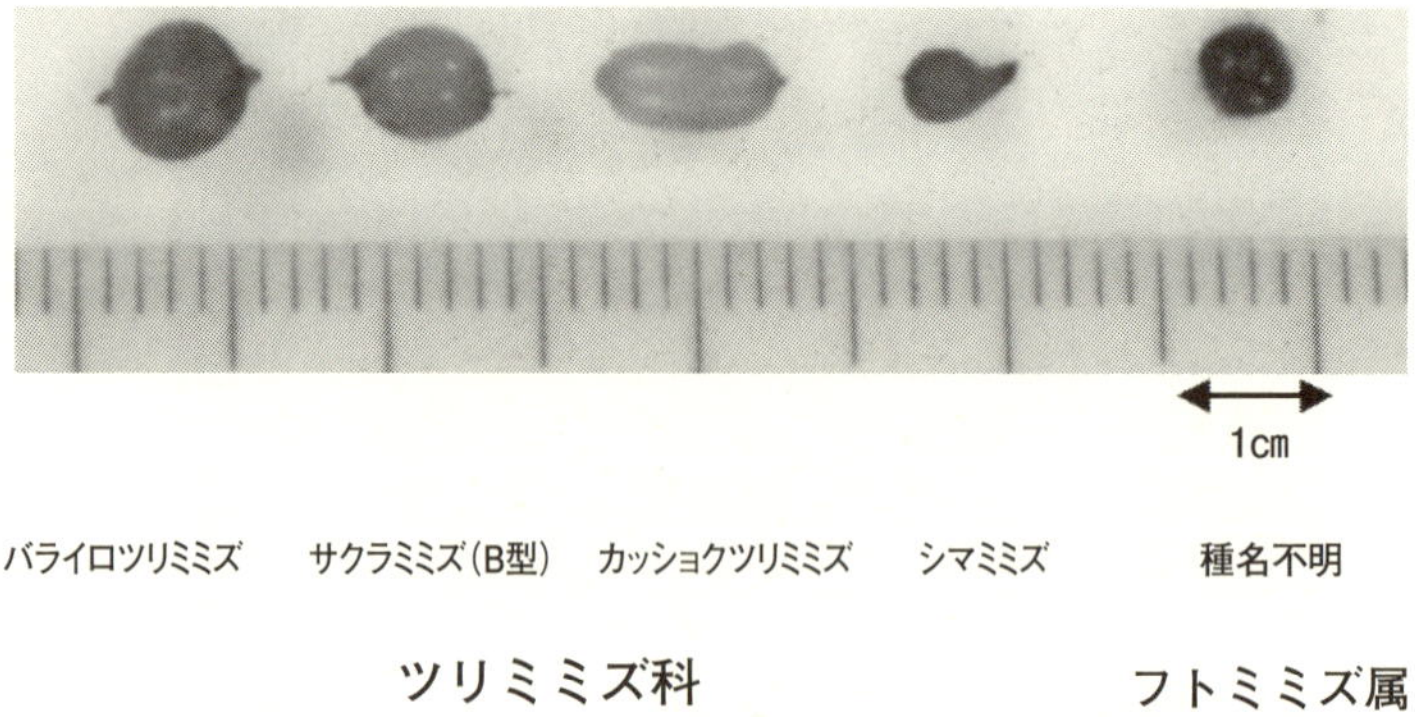

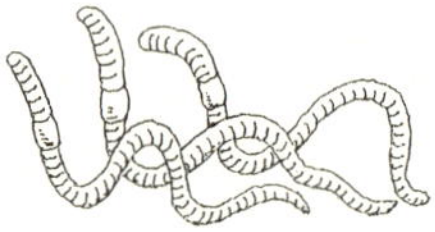

ミミズ自身が湿ったところで卵を産みます。卵を自らの糞や周囲の土で包みおおうこともあります。

ヒメミミズの実験では、卵がむき出しの状態に置かれ、乾燥しやすい状態のときに、卵を何かでおおう動作を行うことから、乾燥から守ろうとする親の子への気遣いと思われます。産卵は、ほとんどその親ミミズの生息している場所に限られ、下層土生息型のバライロツリミミズは、地下20cmから見つけられました。

卵包の形は、球状から俵状といろいろです。大きさは大型類が3〜8mm、色は薄い緑から褐色です。小型類のヒメミミズでは乳白色で、1mmほどです(図10)。

一つの卵包から孵化する幼体数は、大型類のツリミミズ科と小型類のヒメミミズ科は1匹の例が多いのですが、まれに2匹以上のものもあります。ただしツリミミズ科のシマミミズだけはその数が2〜6匹と一定していません。ときには20匹の例もあります。

ミミズの分身の術(砕片分離)

（図11）砕片分裂直後のヤマトヒメミミズ

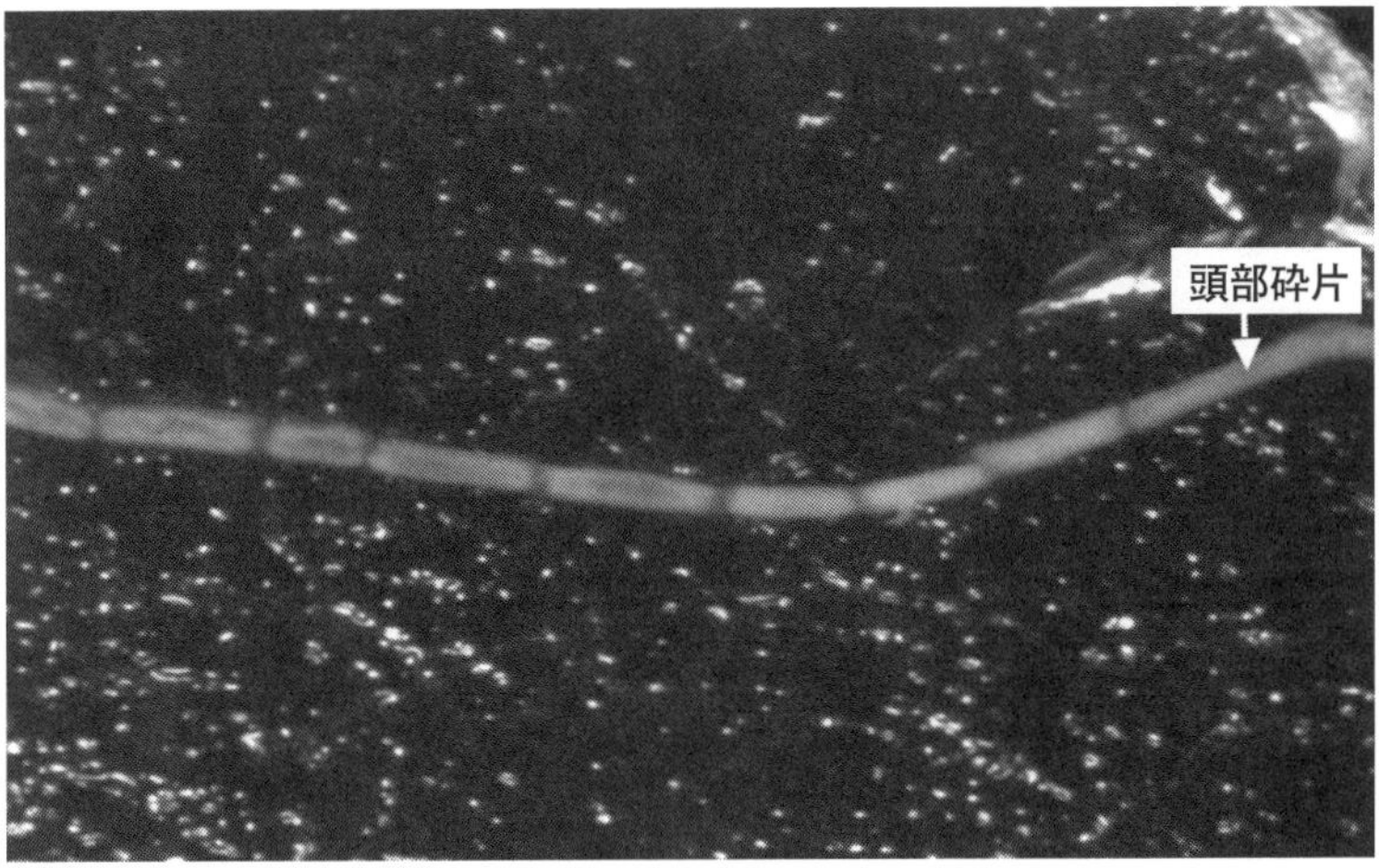

１９５９年に初めて、体を切断することによって増える（砕片分離）小型類のヒメミミズが、海外から報告されました。その後、海外から次つぎに砕片分離する種が見つかり、ついに１９９３年、日本の畑で初めて砕片分離する種が見つかり、ヤマトヒメミミズと命名されました（図11）。

発見された福島県の畑は、それまでの耕起・化成肥料と農薬使用（慣行栽培）を止めて、無耕起および化成肥料と農薬の無使用、さらに刈り払った草で被覆するよう畑管理が変更され、この条件の下で２年間作物栽培した後に見つかりました。不思議なことに、同じ栽培方法にもかかわらず、その後の７年間ついに採集することができませんでした。

ヤマトヒメミミズを含めた砕片分離する種（計６種）は、ある条件を加えると産卵（両性生殖）によって繁殖します。例えば、ヤマトヒメミミズでは飼育条件の急激な変更（寒天培地から有機質土壌へ変更あるいは２週間以上餌を与えず飢餓状態とする）の条件下で産卵しました。他の海外の種では、電気刺激や高密度条件が引き金となりました。このこと

（図12） ２カ月で約１万倍

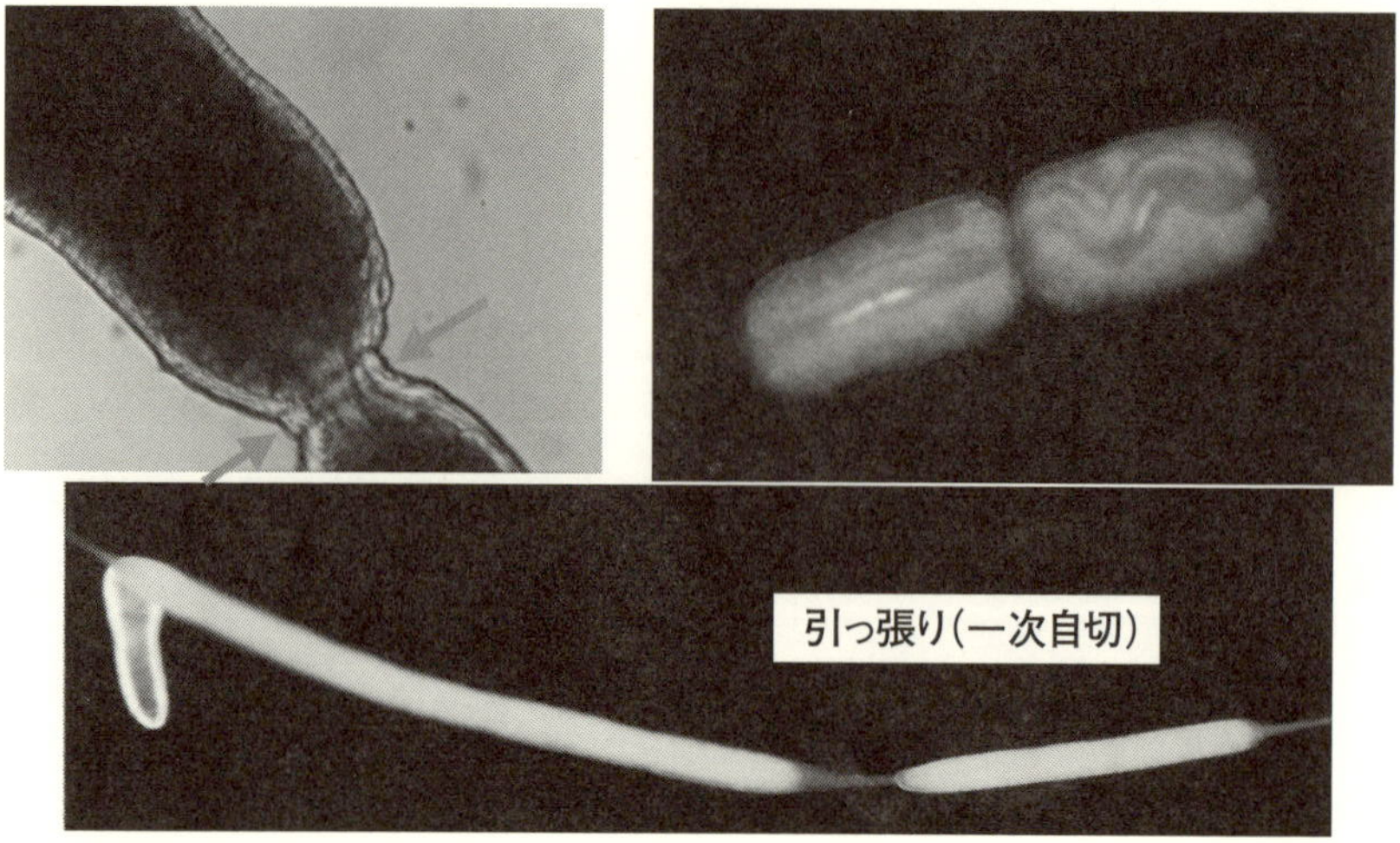

現在のところ、日本唯一の砕片分離ヒメミミズ、ヤマトヒメミミズ

からヤマトヒメミミズが福島の畑で、ある時期のみに発見されたのは、その時期の生息場（土壌）の環境が、砕片分離をひきおこす条件をもたらしたものであったと考えられます。

各砕片からの再生と分離が、いつまで（何回）続くかを、ヤマトヒメミミズの頭部および尾部砕片を用いて実験しました。

砕片直後の頭部を含む砕片を、新しい容器に移して飼育する、次にまたその後分離した頭部砕片のみを、別の新しい容器に移して飼育する、ということを繰り返しました。同じように尾部砕片のみについても追跡飼育しました。

その結果、死亡までの砕片分離の回数、１回の砕片数、砕片間隔の日数および生存日数の平均は、頭部砕片が35・３回、６・２片、20・４日および７２６日、尾部砕片が11・４回、６・２片、24・０日および２７５日でした。頭部砕片と尾部砕片とも、１回の砕片数と砕片間隔日数が、ともに同じ傾向を示しました。しかし、頭部砕片は、尾部砕片よりもはるかに平均分離回数は多く、そして２・６倍もの長い平均生存日数を保ちました。

　ただし、最大の砕片分離回数と生存日数の例では、頭部砕片の場合１２２回と２４５９日、尾部砕片では85回と２４６３日であり、尾部砕片には頭部砕片のいずれよりも生存日数の長い例のあることがわかりました。

　なお、頭部と尾部砕片の中間部分の砕片は、その位置や砕片された時期などの判断が不能であったため実験できませんでした。中間部分の砕片が、頭部や尾部よりも、もっと砕片数が多い、または少ない、間隔が短い、または長い、また生存日数が長い、または短いという例があるのかもしれません。

　切れる位置は、体節と体節のつながり（体節間溝）ではなく、体節のほぼ中間、剛毛の近くでした。切れる前に皮膚が強く縮まり、その後、凹みを中心にして前後に体を伸ばし引きちぎったり、ねじ切ったりします（図12）。40Ｖの電圧を加えると砕片分離を起こしたり、体長５㎜以上の個体の頭部を人工的に切除すると、24時間以内に砕片分離します。ところがいまのところ、どの体節が切れるのか、一斉に切れるのかどうか、切れる体節を予測させるなんらかの兆し、などについては不明です。

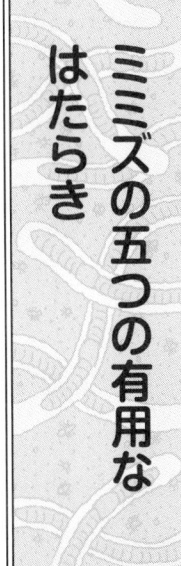

ミミズの五つの有用なはたらき

ミミズの五大寄与

　ポットに入れた土の表面に、裁断した野菜くずを入れ、シマミミズ2匹を移入しました。ミミズを入れてから8日後、野菜くずはポットの土の表面から消えてなくなり、土中の孔にミミズ糞と混じっているのが見え、土は耕したようになりました。ミミズのこういう土を耕すはたらきが昔から注目され、ミミズは「自然の鍬」あるいは「大地の腸」などと称されてきました（図13）。

　ミミズの生活は、食べる、糞と尿を出す、そして動き回る、ことです。その毎日の生活が土壌に大き

（図13）ミミズの耕すはたらき

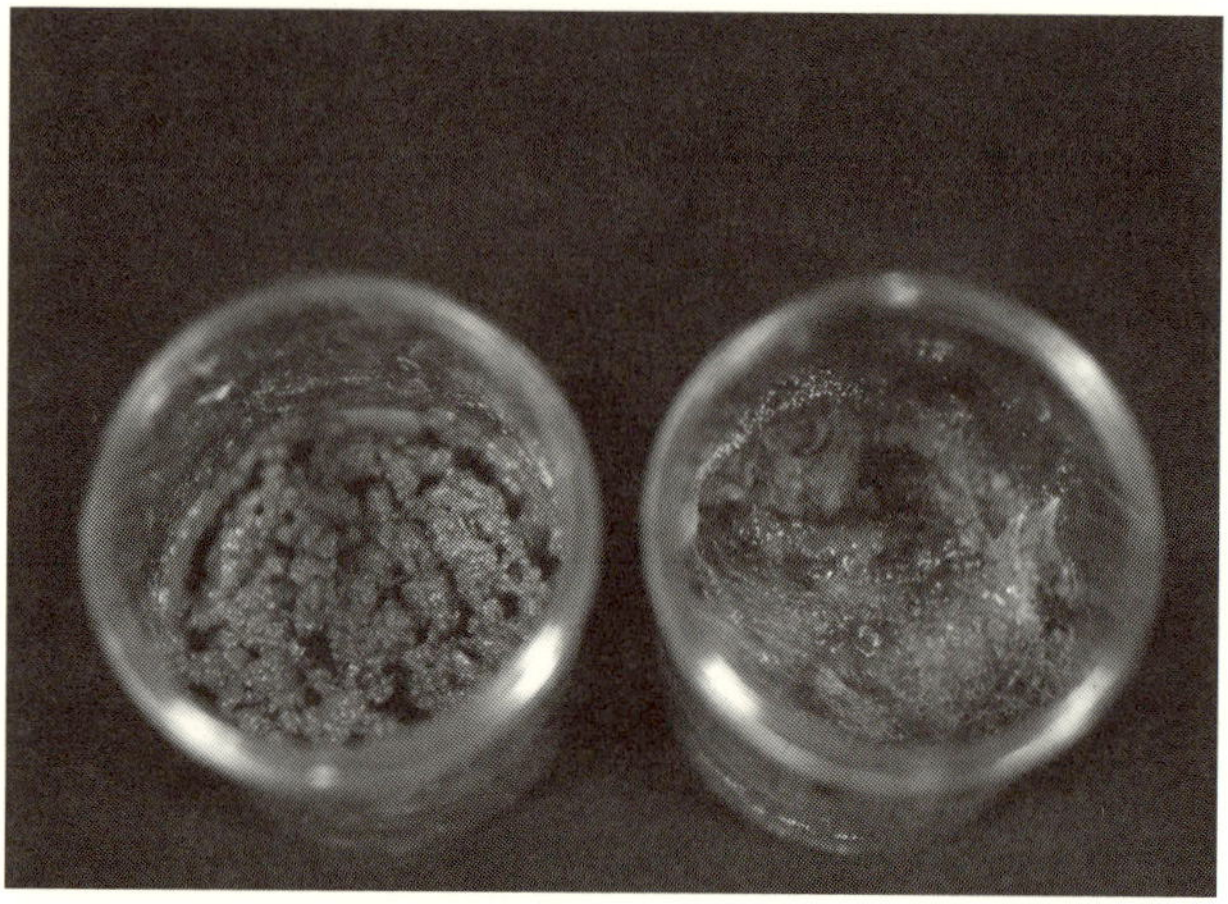

土表面に野菜くずをのせ
ミミズを２匹８日間入れた　　　　ミミズを入れない

な影響を及ぼします。死後、その体も貢献します。この土壌への影響を、私はミミズの五大寄与と称しました（図14）。

食べる

ミミズは枯葉、枯死した根、土、新聞紙あるいは生ゴミなど、多様なもの（有機物）を〈呑み込み〉ます（図15）。それとともに有機物に付着繁殖したカビなどの微生物、土中の微生物や小動物も呑み込みます。呑み込まれたものは咽頭や腸を移動するあいだに、分泌された尿素・塩類・酵素などの作用を受け、さらに腸の激しい動きと呑み込まれた土粒子で攪拌され、細かくされます。

ミミズが一日に食べる量は体重あるいはその1・5倍、また食べたものが口から肛門に到達するのには3・5時間を要するといわれます。消化吸収効率はそう高くなさそうで、枯葉では全窒素のわずか17%と試算されています。ところが、この効率の低さが、ミミズ糞を称して「黄金の土」と言えるとも考えられます。

(図14)ミミズの土壌圏への寄与

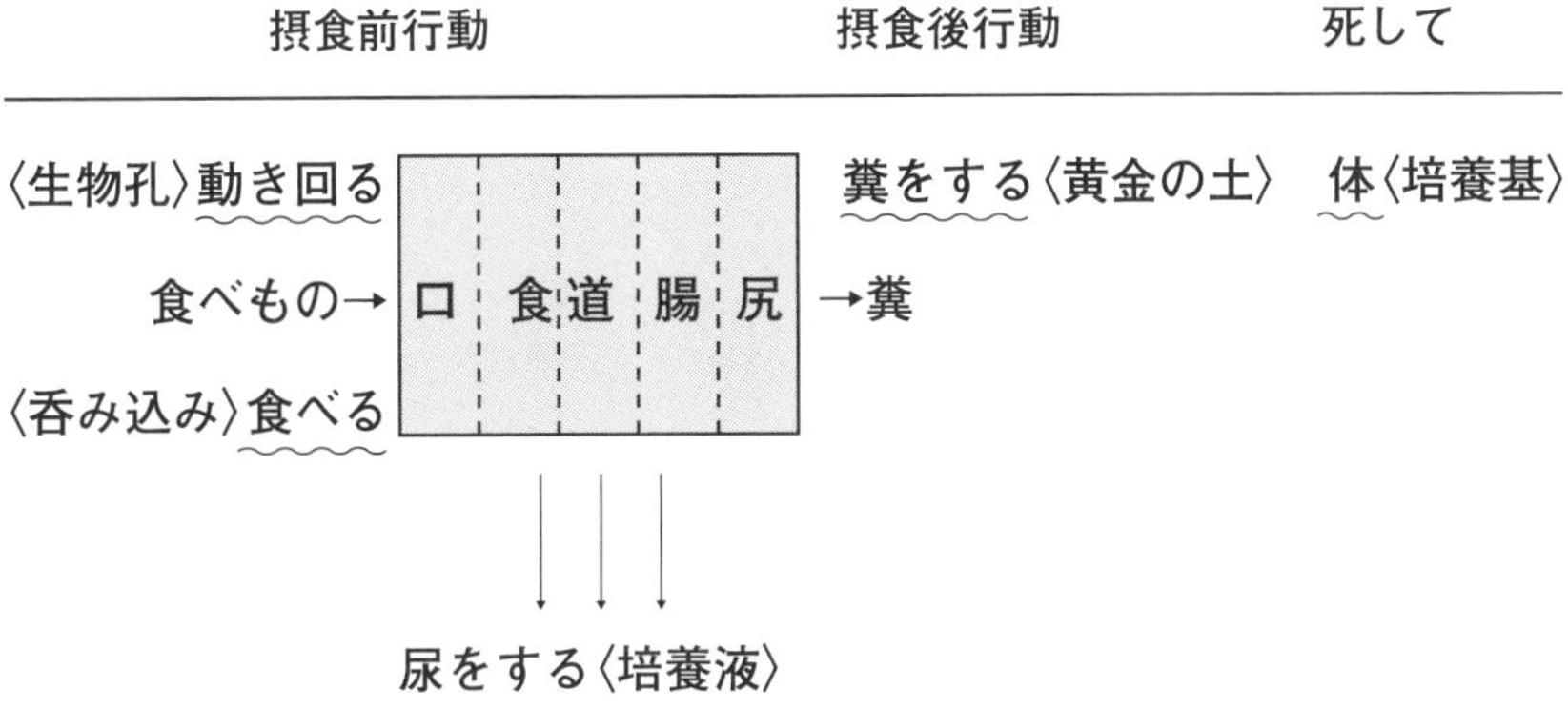

「落葉果樹」中村好男1999（JA福島経済連）

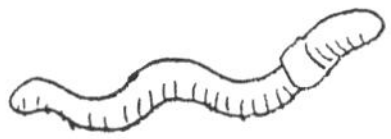

(図15)ミミズの腸。生化学的変化の独特な場所

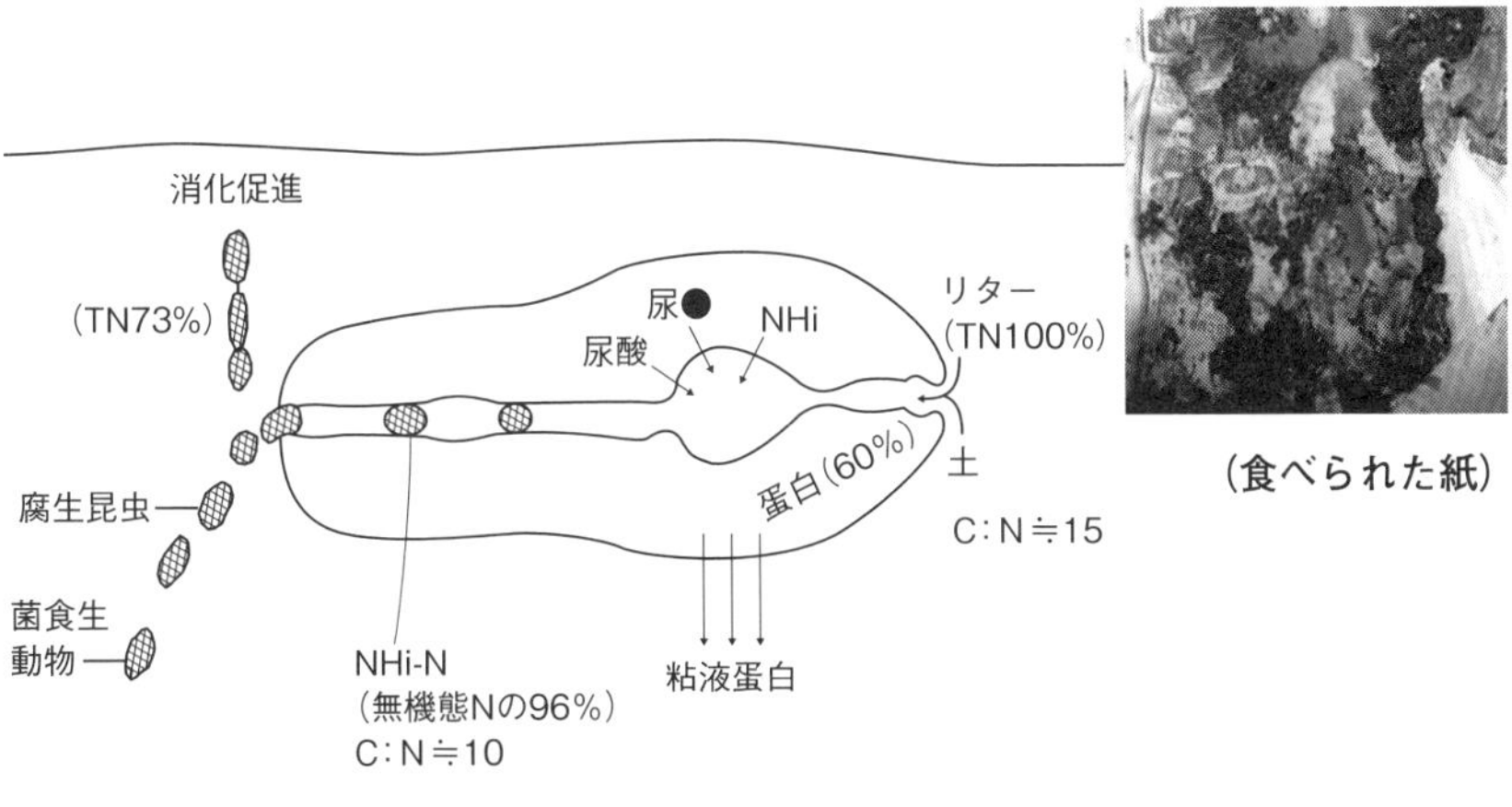

「土づくり特集」中村好男1990（日本土壌協会）

（図16）ミミズ孔が作る生物の世界

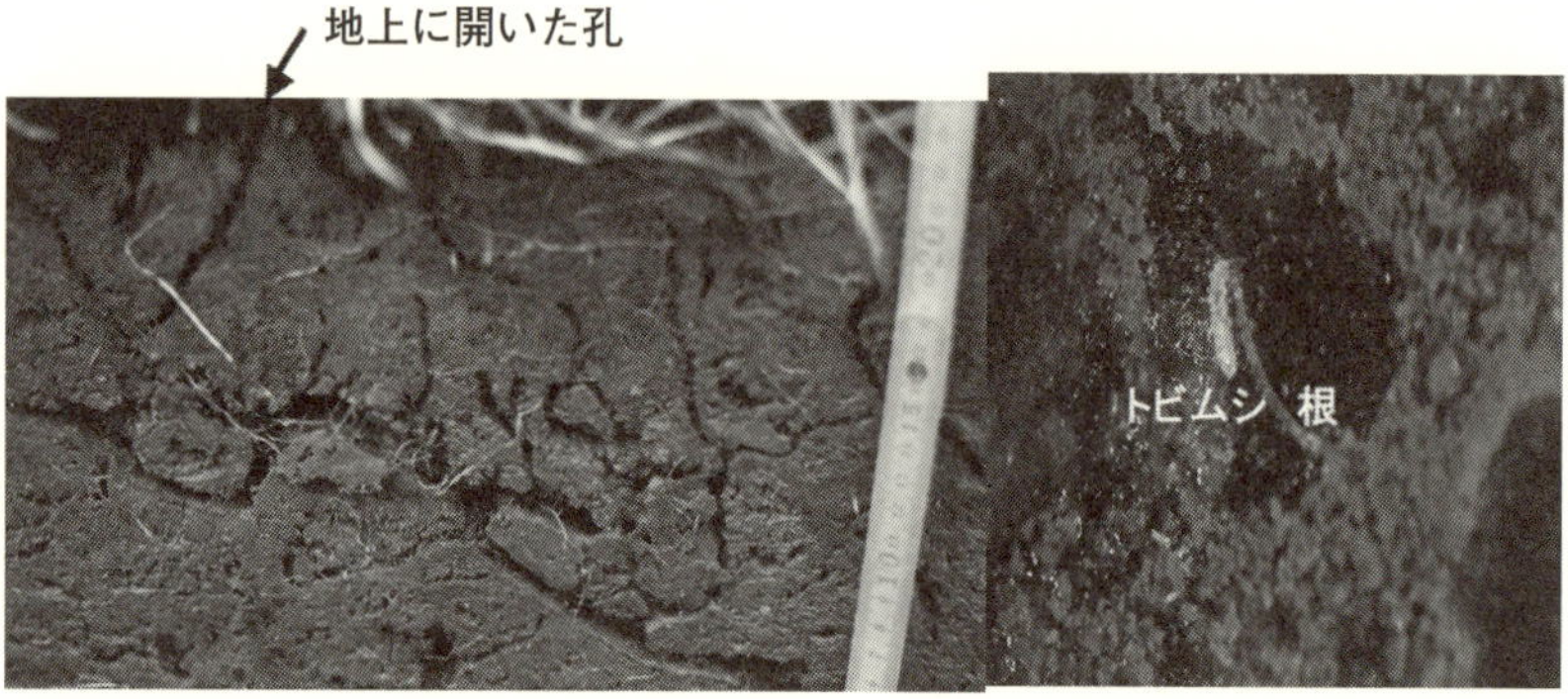

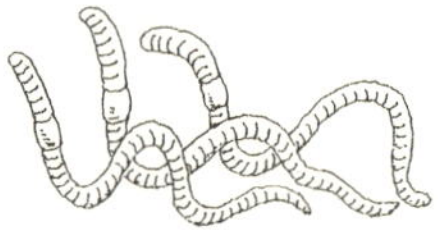

ミミズ腸内で、ときには作物を害する病原菌（例えば腐敗菌や根瘤《ねこぶ》病菌）や小動物（例えばネコブセンチュウ）も粉砕されるかもしれません。一方、VA菌根菌（植物根に共生し、土壌に伸びた菌糸によってリン酸を植物に供給）、光合成細菌や根粒菌など、有用な菌を増殖させるかもしれません。根が吸収しにくい固定型リン酸やカリウムを吸収しやすい型に変換し、カルシウムを再び結晶とし、またビタミン類を合成するようです。ミミズの体内は、有機物や無機物を物理的・生化学的に変化させる独特な工場（場所）といえます。

動き回る

食べものを求め土の表面や土中を〈動き回り〉、粘液を塗りたくり、土を攪拌します（図16）。枯草や堆肥など有機物あるいは根粒菌を土中深く持ち込み、土と混合し、土中に孔の道を作ります。孔の数は、ときには1㎡中に800、その長さは180mに達し、体積は9ℓになるといわれます。

孔の直径は1㎝にもなり、土中を縦横に走り、表面に通じるのもあります。地上に開いた孔から水や空気が入り、ときには地表面を流れる水を減少させ、土の流失を減少させます。孔には菌（微生物）やトビムシ、ササラダニなど小さな動物（土壌動物）も入り込みます。

ミミズ孔の壁は、ミミズの体表から出た粘液で塗り込められ、水分・炭素・窒素・リン酸などの量が高く、微生物の繁殖場となります。その壁に繁殖した菌を、トビムシなどが食べます。

さらに、孔に地表から引き込んだ枯葉と「黄金の土」、ミミズ糞も詰まっています。栄養を求めて作物根も孔に伸びてきます。こうしてミミズの孔に微生物・動物・作物根など、いろいろな生物の世界が発達します。

そして、何より見逃がされてならないことは、土の中に存在する、ありとあらゆる生命体――動物であれ植物根であれ、そして何より厖大な数の微生物であれ、生きているものはやがて死を迎えます。その死体を呑み込み、運び、生きている他の生命体にとって有意義な形に変えて、土の中深くそして広く拡散する、ということによって、土の中で行われている生態系の循環を支えているという事実です。

微生物だけでは、こういう大きなはたらきはできません。微生物のはたらきにのみ依存する畑管理や汚水処理が停滞するのは、生命体の死体によって目詰まりを起こしていることに他なりません。

大変優れたミミズの糞

動き回った孔の中や地表に〈糞をする〉。さらに糞とともに、多数の腸内微生物が体外に出ていきます。日本での例でいえば、地表に出された糞量の最高値281t／haが仙台市にて1931年に測定されました。糞を地表に出さず、土中に出す種類もいます。アフリカでは、糞量全体のわずか数％のみが地表に出され、地中の糞を加えると糞量は1年に800～1200t／haにもなります。

芝生の表面から採取したミミズ糞に、ハクサイの種をまきました（図17）。13日目には、畑の土（化成肥料無施用）や、ほとんど栄養のないバーミクライト（バーミキュライト）の容器では、本葉が少し伸びていたのに対し、ミミズ糞を入れた容器では本葉が展開し、その生育の差が明らかです。

畑の土にミミズ糞を4分の1、4分の2、および4分の3混ぜた場合、コマツナの生育は4分の1でも、糞の効果が現れ、通常の化成肥料に比べても生長は増加しました。

さらに、ミミズ糞を水に浸した溶液だけでハクサイが育ち、その溶液を加え続ければ大麦を栽培することもできます。

このようにミミズ糞は、作物の生長に必要な栄養を多く含み、しかも根が吸収しやすい形態となっています。ヒトツモンミミズの糞では、周囲の土に比べて全窒素が3倍、リン酸が2・5倍、置換性塩基類のカルシウム、カリウム、マグネシウムが1〜2倍高く、特に腐植酸量（腐植物質の集合体）は14倍高まり、まさに腐植の塊です。さらに、多様なアミノ酸、酵素（セルラーゼ、ホスホターゼなど）あるいは植物生長促進物質（ジベラリン、オーキシンなど）も含まれます。

ミミズ糞は、さまざまな養分を含む腐植であるとともに団粒そのものでもあります。団粒とは単粒が微生物や動物が作る多糖類（アミノ糖など）を糊として団子状となったものをいいます。しかも多数の糞が糊づけされ、多数の大小のすき間がある大きな塊となります（図18）。

植物の生育にとって好ましい土の物理的条件は、水もちがよく（利用できる多量の水が、長期間にわたって保持される）、水はけもよいことで、団粒はこの両方の条件を叶えています。

ミミズ糞の大小の多数のすき間に、空気や雨水もしみこみます。ミミズ糞を水に浸けても簡単にくずれず（耐水性がある）、泡は出るが空気すべてが出ていきません。水からとりだすと糞から水滴が落ちるが、すべての水が出ていくわけではありません。水と空気を含む不飽和状態が保たれ、やや湿る、やや乾く環境を作ります。

こうした条件のすき間は、湿性や乾性の小さな動物や微生物の棲みかとなります。不飽和の特性をもつミミズ糞が地表や地下を埋めていれば、グショグショでもなく、乾燥した状態でもなく、適当な湿り

（図17）ミミズ糞でハクサイが育つ

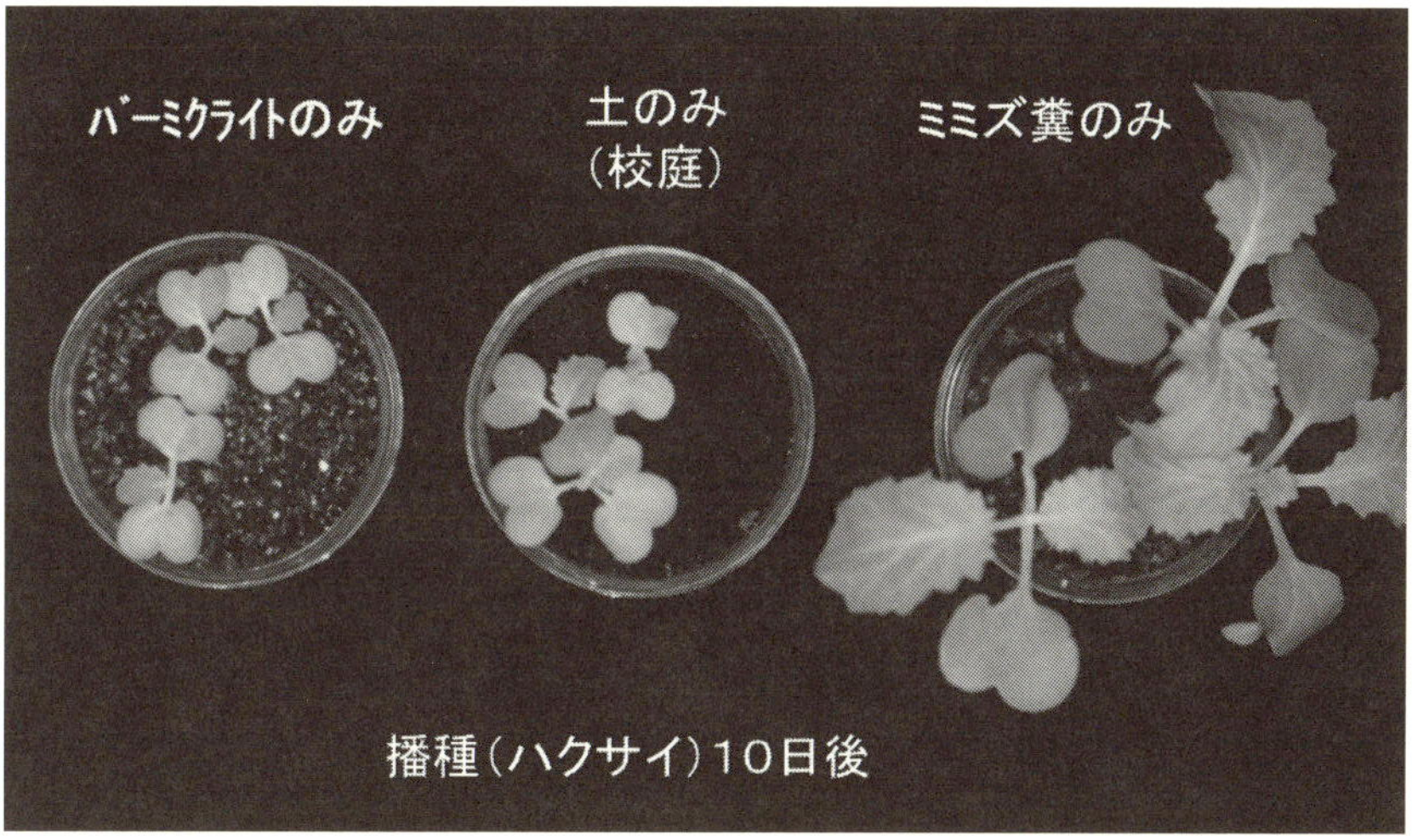

（図18）団粒の糞は地表と地下にも

ミミズ孔に詰まるミミズ糞
（矢印・粒状のもの）

地表に出されたミミズ糞の塊

（図19）乾燥と粉末にしたミミズ

粉末にしたミミズ

乾燥したミミズ（切り開いて干す）

気のある状態が保たれます。ミミズ糞が「黄金の土」と称されてきた所以です。

尿をする

ミミズは、体表面から窒素成分に富む粘り気のある〈尿を出し〉、いつも体表は湿り気を帯びています。尿は食べものと混じり、また孔の壁に塗りつけられ、窒素を加えています。

インドの草地（ミミズの生息数は約１４００匹／㎡）では年間28kg／haが土に加えられると計算されています。

死体となる

体は水分を約８割含み、残りの乾燥重量の約60％がタンパク質です。そのアミノ酸組成は多様で、特にグルタミン酸・アスパラギン酸などが多く、最近、人の食欲と関連することが明らかにされたヒスチジンも含まれます。さらにビタミンＢ１・Ｂ２も多く含まれます。こうした特有な内容をもつ体成分であるミミズは、鶏や豚の餌として、さらに人類の

（図20）「土壌圏」の相（構成）、性質および機能

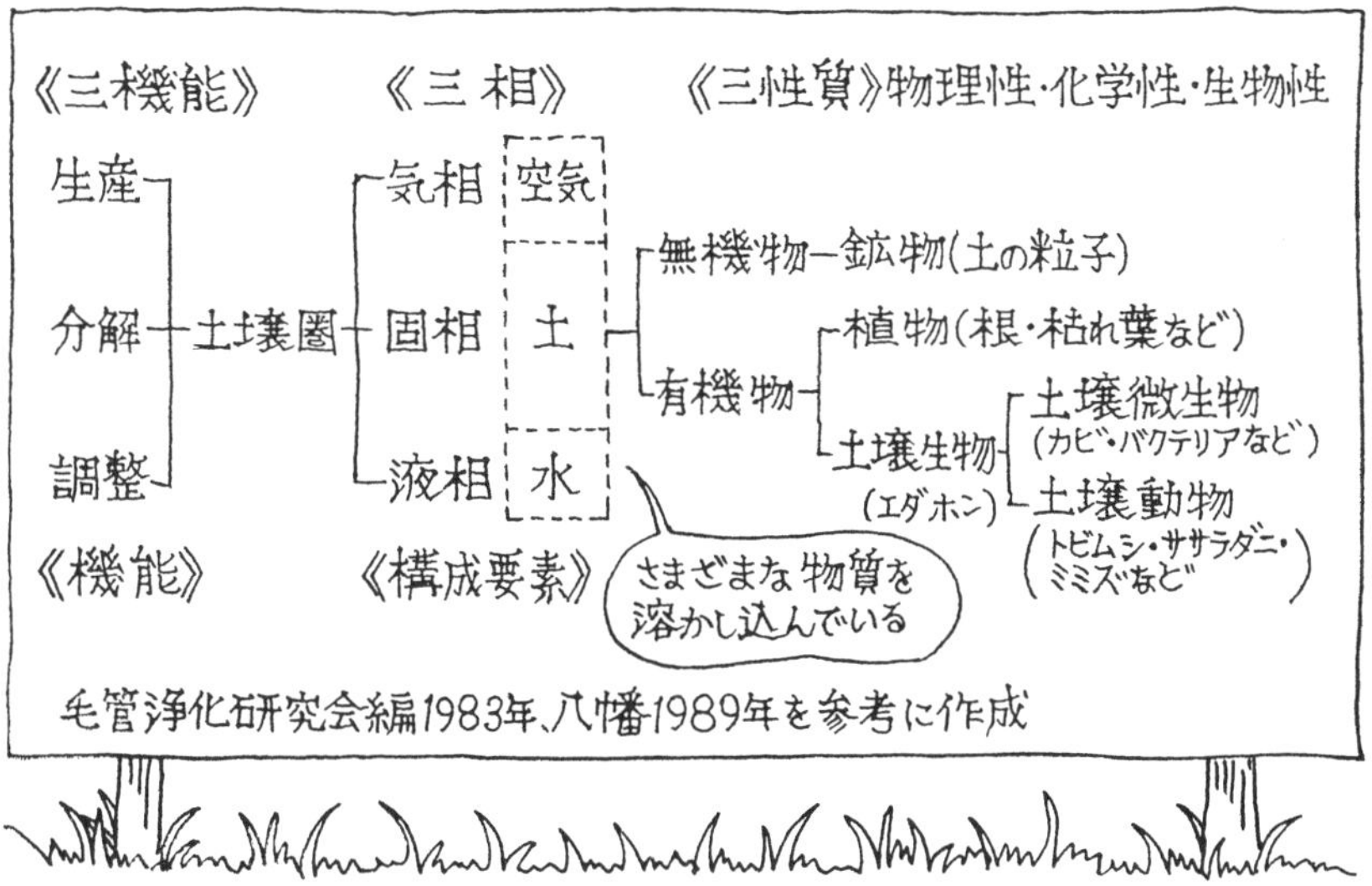

「ミミズと土と有機農業」中村好男1998（創森社）

将来のタンパク源として有望視されています。古くから乾燥ミミズは熱冷まし、最近では血栓の予防薬として市販されています（図19）。おねしょの予防にも利用されたかもしれません。その死体は速やかに溶け（自己消化）、作物の根の生長やカビなど微生物の繁殖する〈培養基〉になります。

土づくり・堆肥づくりの実際の能力

〈ミミズと健康な土づくり〉

土壌圏の相・性質・機能

地球には気圏・水圏・岩圏および土壌圏（図20）が存在し、農産物は地球の表面にあるほんの薄い土壌圏で栽培されます。土壌圏は土粒子・水・空気などの非生物体と、作物の根・ミミズなどの土壌動

（図21）土壌圏の３機能

生産機能　　動植物（作物）が生育する

分解機能　　投入した動植物の遺体（堆肥）が植物（作物）の栄養となる

調整（自浄）機能

- 物理的調整　例：含水量を適度に保つ
- 化学的調整　例：酸度（pH）を適度に保つ
- 生物的調整　例：病気を予防または回復する

物・カビや細菌などの土壌微生物などの生物体から構成されます。土壌動物は大型ミミズなどの大型群、トビムシやササラダニなどの乾性中型群、小型ミミズ（ヒメミミズ類）やセンチュウなどの湿性中型群および原生動物の小型群からなります。

土壌圏は気相（空気）・固相（無機物と有機物）・液相（水）の3相に分けられ、その割合と作物の生育の善し悪しは密接に関連します。

土壌圏は物理性・化学性・生物性の3性質を示し、やはり作物の生育と関連します。物理性の透水・保水・通気性、孔隙率などの悪化（劣化）は、少しの雨でも土が流れ、また水がいつまでも留まって根を腐らせ、ついには作物の生育を阻害します。化学性のpH（酸度）・酸化還元電位（EC）、窒素・炭素・リン酸量などの異常に低い、または高い値は作物の生育に影響します。

生物性の微生物・動物の密度や種類構成も、作物の生育と関連します。生物がいない、あるいは根を食べる動物や根の病気を起こす微生物が異常に多ければ作物の生育を低下させ、病気をひきおこしま

（図22）刈り草は土の生きもの（黒線上）が関与し、しだいに形がなくなり、ついには肥料（栄養）になる

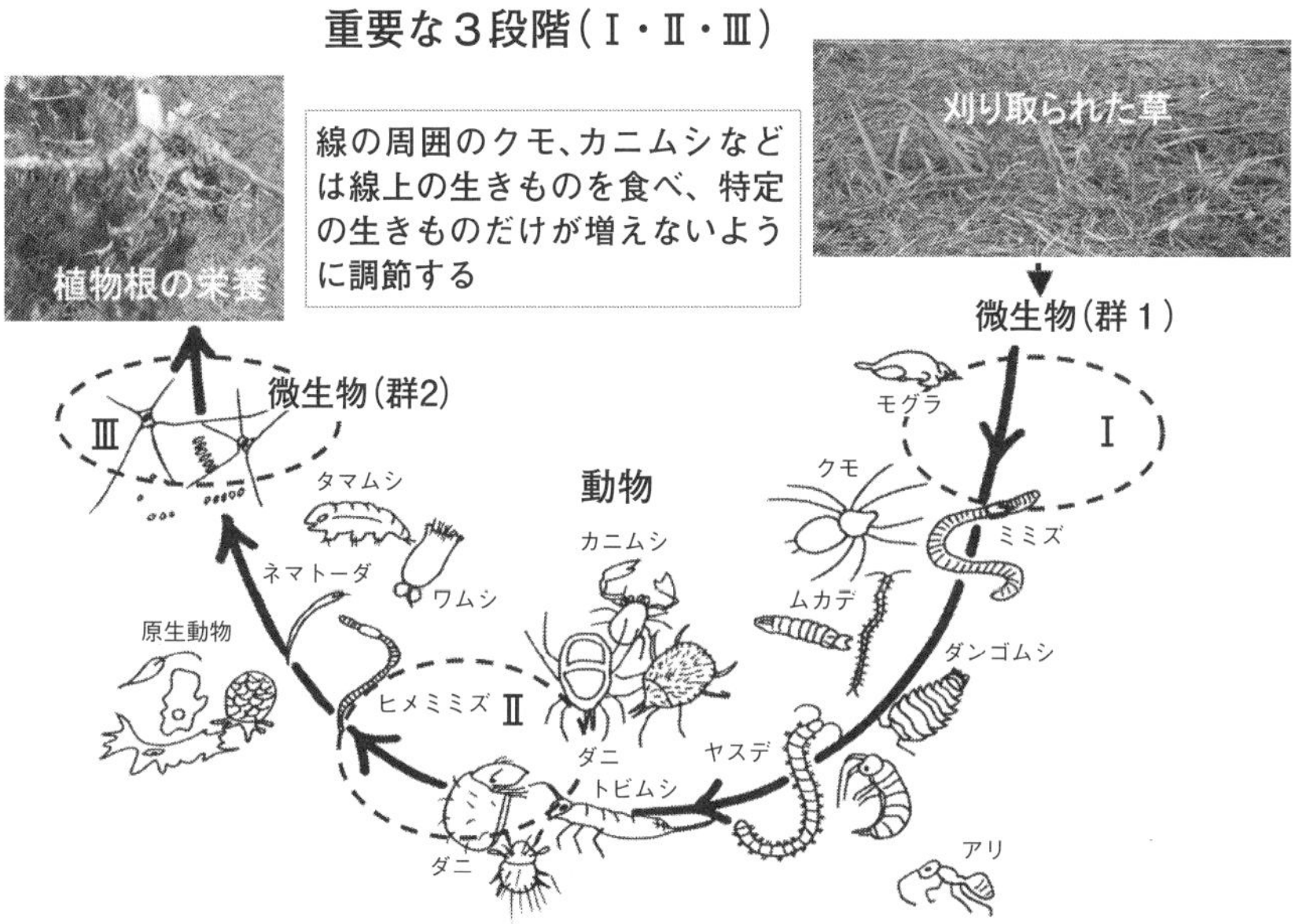

「土壌生物を考える」藤川徳子1972（環境科学総合研究所）に付加

す。

さらに土壌圏には次の３機能があります。「作物を生産する生産機能」、「投入した堆肥を作物の栄養に変える分解機能」、「前述した３相・３性質の内容を正常にしようとする調整（自浄）機能」の３機能です。このうち調整機能は、例えば「含水量を適度に保つ物理的調整」、「pHを適度に保つ化学的調整」、および「病気を予防・回復する生物的調整」の三つからなります（図21）。

土壌圏の相を構成する生物体と非生物体の関連、あるいは生物体を構成するそれぞれの間にも、複雑な関連が見られます。３性質あるいは３機能のそれぞれにも、さらに３相・３性質・３機能も互いに密接に関連します。その関連の密接度合いや善し悪しを、土壌に棲む微生物や動物（土壌生物）の活動が決めているという事実を、改めて重視する必要があります。

技術者・促進者としてのミミズ

作物は土の中から養分を吸収し生育します。養分

（図23）段階１。ミミズは枯草を糞にする

は土に施された化成肥料から溶け出し、あるいは堆肥や枯草など、有機物から供給されます。化成肥料の養分は水が関与して溶け出しますが、有機物から供給される栄養の大半は、土の生物の関与が必要になります。

土の生物の関与の仕方はたくさんあります。ミミズの活動が関与する道筋を図に示しました（図22）。地表に堆積した枯草は、線でつながれた生きものが関与して栄養に変化します。その過程を大きく3段階に分けます。なお、線の周囲のクモ、カニムシなどは、線でつながれた動物を食べ、特定の動物（や種類）だけが増えないように調節します。

段階１　まず枯草（すでにカビなど微生物がとりついていることもある）をミミズが食べ、その枯草は腸内の微生物・酵素のはたらきを受け、攪拌され細かくされ、糞として地表や孔に出されます。ミミズ糞に含まれる栄養の一部は溶け出して、植物根に吸収されます（図23）。

段階２　次にミミズ糞に小さな動物（ヒメミミズ、トビムシやササラダニ）が集まります。小さな

（図24）段階２。ミミズ糞（有機物）→小動物糞（無機物・有機物）
（無機物は植物根の栄養、有機物は小さな生物の餌）
ミミズ糞を分解し、さらに糞（餌）を生産する

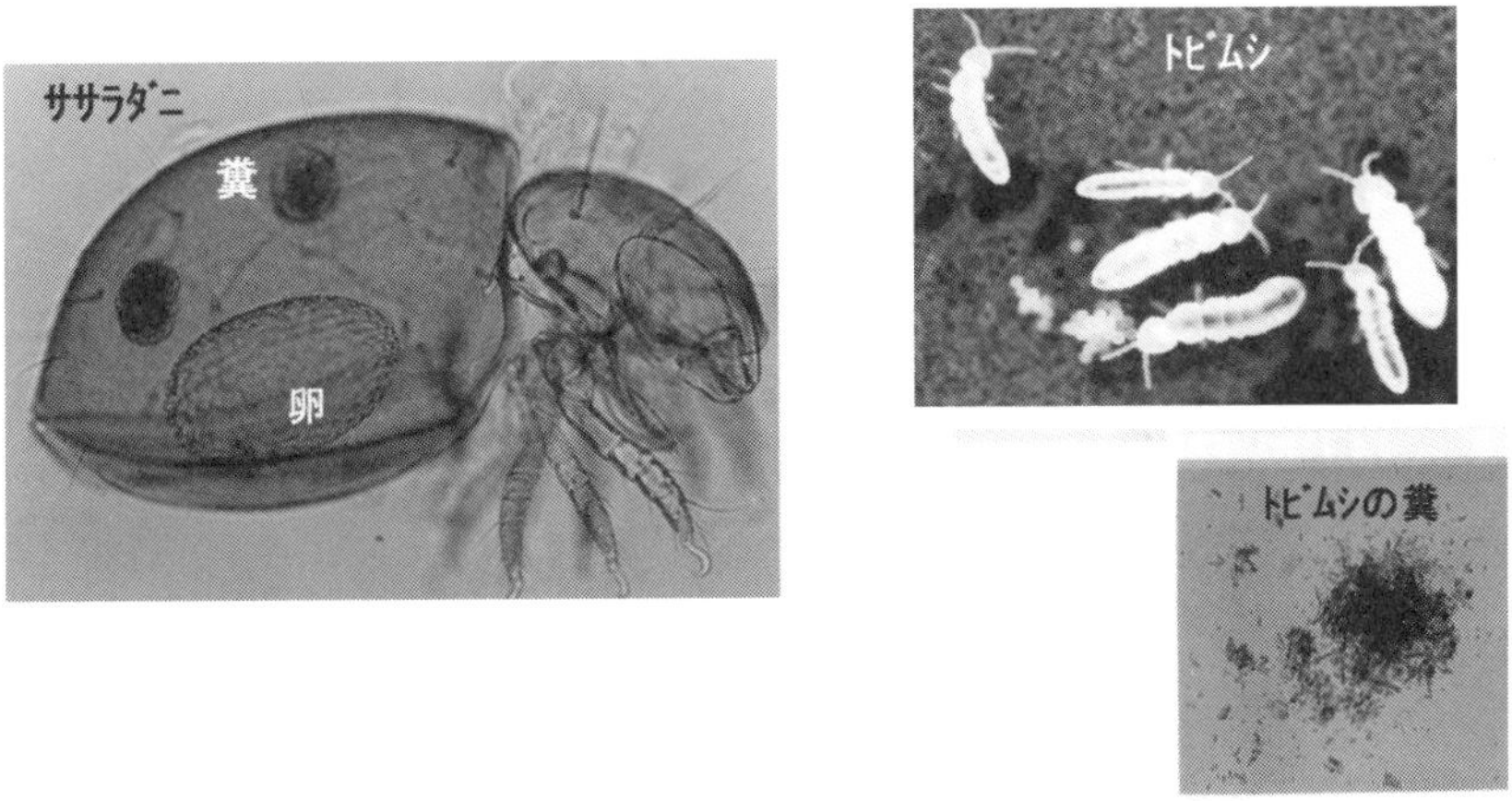

動物は、糞内の小さな隙間に棲み、細かくされた枯葉、繁殖した微生物を食べ、さらに小さな糞として出します。糞に含まれる栄養の一部は、溶け出して使われます（図24）。

段階３　ついで、小さな動物による小さな糞に微生物が関与し、植物根の吸収可能な栄養体となります。

こうしてミミズが枯草を食べることから次つぎに起こる生物の流れ（遷移）と栄養の流れ（物質循環）がもたらされます。

さらにミミズは、動き回り孔を開けることによって生物の世界を作りあげ、「黄金の土」であるミミズ糞や栄養豊富な尿、そして死体を提供し撒布します。このようなミミズの生存活動が、土壌圏の３相・３性質の内容を決定し、３機能を高めているといえる理由です。

すべての各種の土壌動物が「食べる」という場面では、前段階の生命体の排泄物または遺体の分解者、動き回って体内にとりこんだ「食物」を持ち運ぶという場面では生態系を支える物流担当者、そし

て行き着いた先で「糞」をする場面では、次の段階の生命体の餌を供給しているという意味において生産者であるという、動かしがたい重要な役割を担っています。その参加者（種）が多ければ多いほど、生態系は、例えば作物体の栄養源が豊かに多量に培われていくものと考えることができます。

具体的な実験例をあげてみましょう。ポットに入れた土の表面に、裁断した収穫後の大麦茎を入れ、大型ミミズ（ヒトツモンミミズ）2匹を移入しました。ミミズを入れてから8日後、大麦茎は土の表面にほとんど見られなくなり、土中の孔にミミズ糞と混じっていました。

ミミズを入れなかったポット、つまりミミズのはたらきである第1段階が省略されたポットでは、枯草にカビが繁殖し、形はほとんどそのままで残り、もちろん土にはかき混ぜられた形跡はありませんでした（図25）。

土の表面を枯草で被覆し、ミミズを移入し、生物遷移と栄養の流れを切らないように工夫して作物を栽培してみます。その結果、ミミズを移入すると被覆した枯草は速やかに消失し（分解機能の強化）、作物は草丈が伸び（特に一節）、質が変化し（カルシウム量が高まる）、収量が高まります（生産機能）。

土壌圏は、土壌の気相が高まり（3相の一つが変化）、柔らかくなり（物理的調整機能）、カルシウム量や窒素量が高まり（化学的調整機能）、さらに土壌動物が多様化する（生物的調整機能性）など、三つの調整機能が強化されました。しかも移入するミミズの数が多ければ、それだけその効果は強まります（図26）。

ミミズで病気感染抑制実験（生物的調整機能を確かめる）

根瘤菌を含む（発病する密度）土に、ミミズを1～4週間入れ、その後、ハクサイを育てました。根瘤菌数に変化はなかったのですが、ミミズを入れた日数が長いほど根についた瘤数が少なくなりました。また、種ショウガの保管箱にミミズを50日間入れたところ、その後もショウガは腐敗しませんでし

（図25）ミミズがいないと枯葉は栄養になりにくい。
ミミズがいると土は耕されたようになる（かき混ざる）

土のみ	微生物のみ		微生物とミミズ
－枯茎葉 －微生物（滅菌） －ミミズ	－枯茎葉 ＋微生物 －ミミズ	＋枯茎葉 ＋微生物 －ミミズ	＋枯茎葉 ＋微生物 ＋ミミズ

（図26）ヒトツモンミミズの移入枠試験（作物は大豆）

（毎年ほぼ同じ月に撮影）

（図27）ミミズがショウガの腐敗を防ぐ

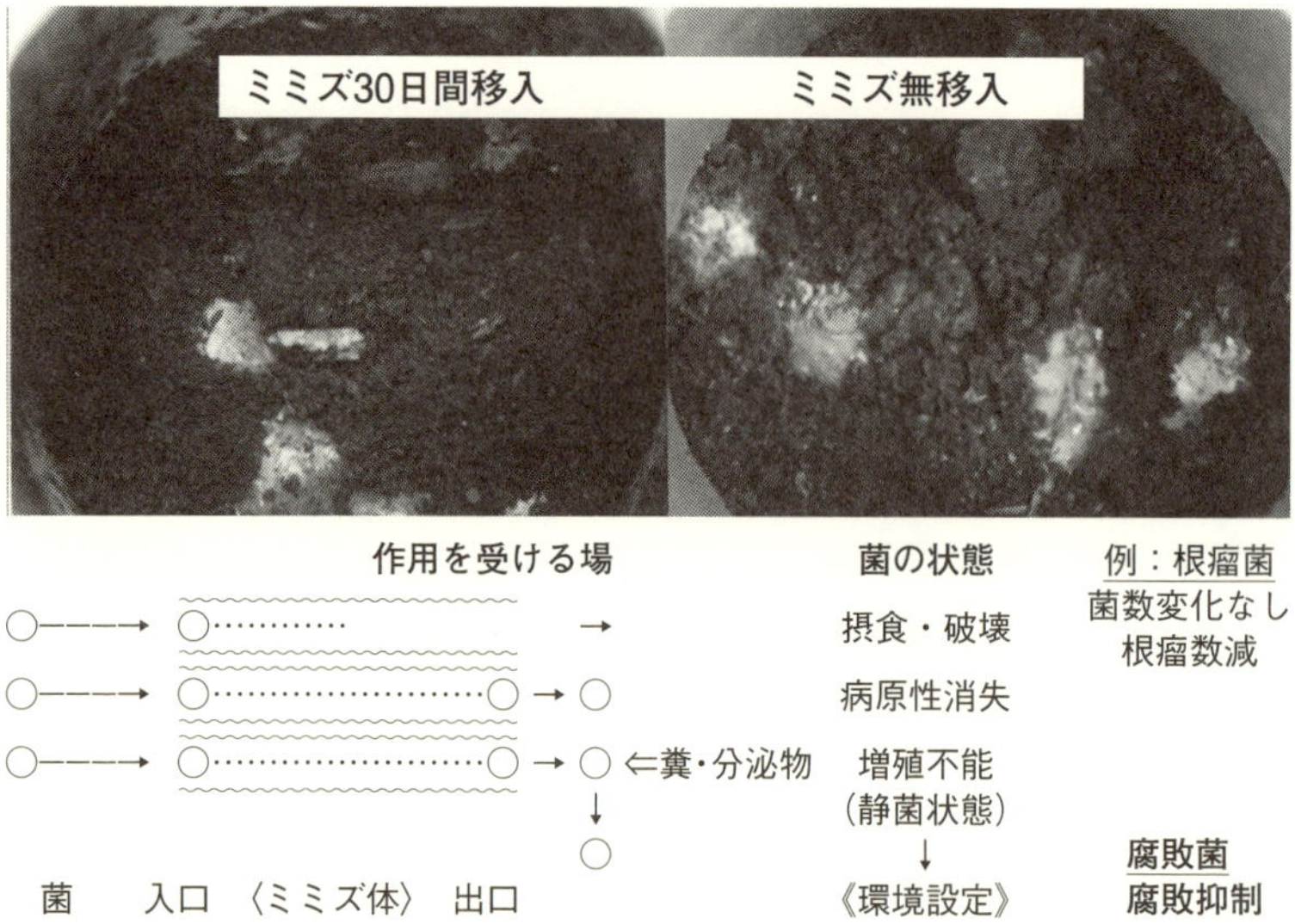

「農業と園芸」中村好男1997（養賢堂）を改変

た。

この場合、病原性の菌数には変化がない、つまり減っていないことが確かめられています。それにもかかわらず根瘤数が減り、またショウガが腐敗しないのは、なぜか（図27）。

呑み込まれた菌が、①ミミズ腸内で摂食（消化吸収）あるいは破壊された、②腸内通過後に、ミミズの糞や粘液により病原性を消失した、③菌の生息場が改変され増殖力が低下した、のでしょうか。

さらにミミズの活動（5大寄与）が、作物自身の発病抑制力（免疫力）を増したとも考えられます。例えば菌の細胞壁（害虫の表皮も）はキチンと呼ばれる硬い成分で作られ、このキチンを分解する酵素（キチナーゼ）がミミズ腸内から検出されています。

抑止土壌（連作しても病害が発生しない）のpHとカルシウム量は高いといわれます。フザリウム菌などの病害はpHの低い土壌ほど発病しやすい、また作物の病害は、作物のカルシウム吸収量が増加すると発病が抑制されることがあります。ミミズの活動が、土壌中の吸収しやすい形のカルシウム含量を増加させます。カルシウム含量の多い土壌では、作物のカルシウム吸収が増加し、作物自身の抵抗性が増します。まさに、ミミズがその病害抑制条件を作り出しています。

ミミズと微生物との関連（執筆・中村和徳）

ミミズは、土壌の物理性・化学性・生物性に大きな影響を及ぼす、農業上、重要な土壌生物です。それらの影響の多くは、ミミズの摂食と排糞の際の微生物作用と考えられ、ミミズと土壌微生物との関係について、数多くの研究がなされております。

微生物（細菌や糸状菌）を餌としてミミズを飼育した場合には、体重を大幅に増加させる微生物や、たちどころにミミズを死亡させてしまう微生物が存在することがわかっています。ミミズの成長には、細菌の存在が必須条件ともいわれます。また、ミミズの腸内でミミズにとって必須の脂肪酸を供給する微生物群集の存在も知られています。

ツリミミズ科の種類を用いた研究によると、ミミズの腸内通過中に細菌の数と活性が、なんらかの影響を受けるといわれています。ミミズの腸内では、そのミミズの存在している周辺の土壌よりも、菌数が多く検出される種類がある、一方では細菌の中には腸を通過中に消化されてしまう種類もあります。ミミズの腸内を通過している細菌は、ミミズと関わりあう前とは細菌の種類ごとに異なった増殖様式を示すことが、実験的に確かめられています。ミミズの腸内では、細菌が種類別に異なった影響を受け、また、その影響はミミズの種類によって異なるということです。

ミミズの脱糞直後の糞（新鮮糞）と、そのミミズが存在していた周辺土壌中の細菌群集を比べると、新鮮糞と周辺土壌との細菌群集が類似し、新鮮糞内の一部の細菌群集に変化があります。我々の研究でも、フトミミズ科とツリミミズ科の両方で次に紹介するように、腸内細菌群集構造は、周辺土壌のそれとは異なりますが、しかしほとんどの腸内細菌が周辺土壌に存在することが確かめられました。大部分の細菌はミミズの腸内ではなんの影響も受けずに通過し、一部の細菌のみが菌数を変化させるだけと考えられます。

　これまでのツリミミズ科を中心にした研究では、ミミズ腸内の細菌群集は周辺環境に依存するものと考えられてきました。すなわち、ミミズが食べものとしてとりこんだ細菌群集が、ミミズ腸内での細菌群集そのものになるということです。しかしながら次に紹介するように、筆者らの研究からフトミミズ科とツリミミズ科では、全く異なった腸内細菌群集を形成することがわかりました。脱窒細菌についての研究でも、フトミミズ科とツリミミズ科では本質的に異なった腸内細菌を形成していると報告されています。

　筆者らが日本において優占するフトミミズ科とツリミミズ科を用い、ミミズ腸内細菌をＤＮＡによる比較解析（抽出DNAから16S rRNA遺伝子混合物を増幅し、PCR－DGGEで解析）した最新の結果では、次のようなことがわかりました。

　実験例①　四国から採取されたミミズの腸内細菌相
　松山市内の同じ放牧用草地内の、きわめて近接して生息するツリミミズ科の日本固有種のサクラミミズと、フトミミズ科のヒトツモンミミズの腸内容物、および新鮮糞の細菌群集構造を比較解析しました。その結果、2種類のミミズとも腸内容物と新鮮糞は生息していた周辺土壌とは異なったバンドパターンを示し、それぞれ特有の細菌群集構造をもつことがわかりました。さらにヒトツモンミミズの腸内には、そのミミズの新鮮糞やサクラミミズの腸内容物と、その新鮮糞およびそれらのミミズの存在していた周辺土壌の4条件下では、目立たない存在であった菌種が、特徴的な優占菌として存在することを発見しました。

　また、サクラミミズの新鮮糞でも、同様に特徴的な他の4条件下（つまりヒトツモンミミズの腸内容物とその新鮮糞、サクラミミズの腸内容物、そしてそれらのミミズが存在していた周辺土壌）では、目立たない別の菌種が優占菌として存在することがわかりました。

　一方、これら2種類のミミズとも腸内容物と新鮮糞、および周辺土壌に共通するバンドが存在し、こ

（図28）ミミズ腸のPCR－DGGE解析結果（①）と
ミミズ腸の選択培地モデル（②）

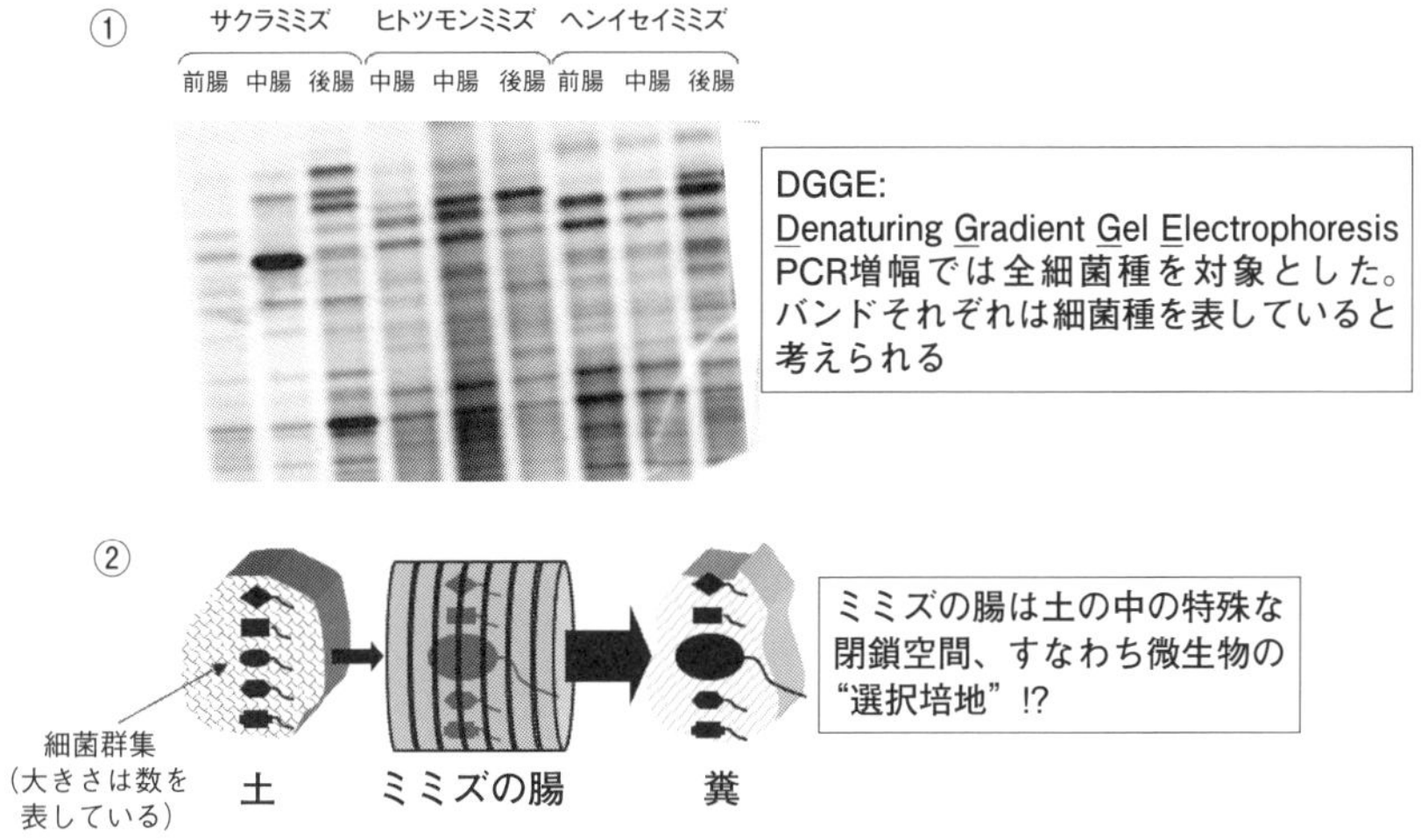

れはバチルス（細菌の属の一つ）の種類でした。

実験例②　九州から採取されたミミズの腸内細菌相（図28①）

阿蘇地方の放牧用草地において、サクラミミズとヒトツモンミミズに、この2種にきわめて近接して生息しているフトミミズ科のヘンイセイミミズを加えた3種についても同様な解析を行いました。ミミズ採取は季節ごとに行い、腸内容物の解析は腸を3等分し詳細に分析しました。

その結果、3種類のミミズとも腸内容物に見られる菌種は、周辺土壌中にも見られますが、その菌種の存在割合は、周辺土壌とは異なったものでした。フトミミズ科とツリミミズ科の腸内には、各々で異なる優占菌の存在が明らかになりました。これら特有の細菌群集構造は、腸前部ですでに形成されており、中及び後部では優占細菌群が若干変化しているようでした。これら3種類のミミズとも採取季節の違いによる腸内細菌群集構造の違いは見られず、特にフトミミズ科の種類での細菌群集構造は、個体差もなく一様でした。

優占する細菌相について明らかになった七つのバンドのうち三つは、ヒトツモンミミズとヘンイセイミミズから得られ、ファミキューテス（門）に最も近縁の種類と判定されました。残る四つは、サクラミミズから得られ、プロテオバクテリア（門）とバクテロイデス（門）に属する種類と判定されました。

以上のように、同じ草地、しかもかなり接近して生息する異なる科に属する種類が、異なる細菌群集構造を示していました。フトミミズ科とツリミミズ科では、摂食した細菌に腸内において異なる影響を及ぼし、それぞれの科に特有の腸内細菌相を形成することができるかもしれない。つまり、ミミズは食べものとしてとりこんだ周辺環境に存在する細菌群集の中から、ミミズの種類別に、それぞれが求める細菌を選択的に腸内で培養（共生）させ、利用しているのでしょうか（図28②）。

この差異は分類学上所属する系統学的位置の違いによりもたらされるものなのか、それとも生態型（サクラミミズは表層土型、ヒトツモンミミズは下層土型）の違いによってひきおこされたものなのか。今後、事例を重ねて検討することが必要だと考えます。

今までの研究から、ミミズ腸内細菌相（構造）はかなりわかってきましたが、その役割（機能）については、ほとんど明らかにされていません。今後はどのような因子がはたらいて、各ミミズ腸内で特有な細菌が優占するのか、また、優占した細菌は宿主であるミミズにどのような機能を果たしているのかを明らかにすることが必要になってくるでしょう。

それによって、土壌におけるミミズと細菌の相互関係の理解につながり、ひいては土壌中における生物の本当の姿がわかると考えます。

（注・脱窒とは、主に嫌気性細菌が無酸素条件下で硝酸態窒素、あるいは亜硝酸態窒素から窒素あるいは二酸化窒素を生成する過程）

〈ミミズによる堆肥づくり〉

堆肥化に有効なシマミミズ

堆肥の製造に有効とみなされるミミズは数種類い

（図29）ミミズが関与しない堆肥と関与した堆肥

ミミズが関与しない堆肥　　それにミミズを入れた
0日　5日　10日後

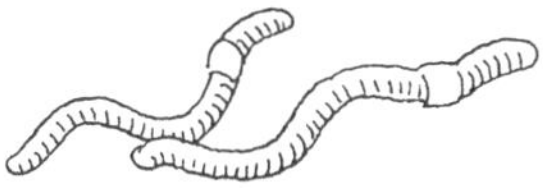

ますが、日本ではほとんどの例がシマミミズによるものです。この種類はふつう畑で増えることはなく、堆肥とともに畑に入っても、堆肥がなくなるとともにいなくなります。

シマミミズの好適条件は、温度は15－20（最低4、最高30）℃、水分は80－90（最小40、最大95）%、酸素濃度は15%以上、二酸化炭素濃度は6%以下、伝導度（Eh）はマイナス100mV以上、アンモニア濃度は0・5%以下、pHは5～9、炭素／窒素比は1／30、とされます。

シマミミズを堆肥化に関与させるには、こうした条件を整えることが必要であり、本書の第3部でも紹介するように、いろいろな工夫が必要です。肝心なことは、材料（有機物）を酸素のある状態（好気的）に保ち、発熱させない（中温的）ことです。

ミミズが関与した堆肥と関与しない堆肥の差異

ここでは、ミミズが関与した堆肥（ミミズ堆肥あるいはバーミコンポスト）と関与しない堆肥（発酵堆肥・急速堆肥）の成分の差異を示します（図29）。

バーク（樹皮）と牛糞が混合した発酵堆肥は、褐色の粉状で、これにシマミミズを入れると、黒色の粒状（団粒）に変化しました。稲藁を堆積し、発酵させずにミミズを関与させた堆肥は７㎜大の団粒が多くを占め、プロリン、カルミンなど多様なアミノ酸が含まれていました。

なぜ、微生物活動のみの発酵堆肥に大きな団粒がないのか。それはミミズの存在により発酵堆肥に残る微生物の活動に、ミミズの腸内の微生物および蠕《ぜん》動《どう》運動の物理活動と分泌物の化学活動が加わることによって、団粒が作られるからです。団粒は、細かい粒がなんらかの「糊」で固まったもので、その「糊」は従来、微生物の生成物に由来するとされていましたが、実はミミズの生成物（例えば粘液）や蠕動運動などが貢献しているのです。

ミミズが微生物とともに堆肥化に関与すると、いっそう堆肥化が促進されます。ミミズの腸、特に砂嚢で有機物をほぐし、その表面積を拡大して微生物の活動を促します。

ミミズは、有機物で生育する微生物から栄養の一部を得ます。糞とともに腸から排出した微生物は、その後もしばらくは糞の多糖類を活用し活動を続け、未堆肥物の堆肥化が促進されます。

さらに、ミミズの摂食や動き回り活動が餌（堆肥材料）を好気性状態に保ち、餌の表面を粘液（分泌物）や糞でおおうことで、悪臭やハエなどの発生を少なくし、大腸菌数を減少させます。ミミズ堆肥の製造過程で排出される液（通称、ミミズの尿）も肥料となります。

ミミズ堆肥の効能

「安定した構造」「均衡のとれた栄養素」「多様な生物相」が、よい堆肥の条件とされます。団粒という安定した構造のミミズ堆肥は、土に混入されると土を柔らかくし、土の水持ちをよくします。ミミズ堆肥の化学成分の総量は大幅に増加することはありませんが、凝縮され作物根の吸収しやすい水溶性となります。

また、異なる有機物がミミズの腸で混合され、適切に組み合わされた均衡のとれた養分の組成となります。多糖類は増加し、根が吸収可能な硝酸態窒素、リン酸やカルシウムが増加します。植物生長促進物質（オーキシン、ジベレリン、サイトキニンなど）や、酵素（セルラーゼ、ホスホターゼなど）が付加され、酵素活性が高まります。

さらにミミズ堆肥は、腸内から排出された微生物が生息し、その微生物を求めて土壌動物も集まり、多様な生物相が発達します。

ミミズ堆肥を土に混合（藁堆肥と同量）して米を栽培したところ、収量は藁堆肥混合の95％、1穂籾数は106％でした。玄米の切断面の観察から、細胞構造が強固になっていると推定されました。

ミミズ堆肥を水に浸け、その上澄み液を液肥として大麦を栽培できます。ミミズ堆肥の生長促進効果（増加％）が、レタス（茎長200％）、ラズベリイ（収量20％）、緑豆（収量152％）、苺（収量25％）、胡椒（収量16％）、トマト（収量50％）で見られました。タンパク含量は赤カブ（3％増）、レタス（8％増）、茸（23％増）で現れました。

ミミズ堆肥やその抽出液は、VA菌根菌の活力を増加させ、土壌動物の組成を豊かに、さらには糸状菌・細菌食センチュウを増加させます。さらに、トマトの萎凋病、苺のうどんこ病、胡瓜の苗立枯病、キャベツの根瘤病などの病気の発病を抑制したり、胡椒のアブラムシ、トマトのカイガラムシ、カメムシやスズメガ、キャベツのアブラムシ、アオムシやシストセンチュウの被害を軽くします。

ミミズを活用し堆肥にする過程で出る、いわゆる「ミミズの尿」（海外では「ミミズ堆肥茶」といわれる）も、トマトの発芽を高め、トウモロコシの根の伸長を促進させ、麻の種の硬い殻を壊す力があります。また、トマト、胡椒、苺の生育を促進し、収量を増加させます。

ミミズ堆肥や「ミミズ堆肥茶」に含まれる水溶性のフェノール（石炭酸）が、作物に吸収されることによって、作物の病虫害に対する抑制効果が生じるものと推定されています。枯葉の分解消失に関与する土壌動物は、フェノール物質を嫌うことが知られています。

無耕起と土壌生物の多様性・連鎖

土壌圏型農法の特色（位置づけ）

これまでに、多くの農業技術が産み出され、また農法も提案されました（図30・31）。

少なくとも安心と安全を求めるならば、これまでの農業技術を、土壌圏活用の視点から再検討することが必須です。例えば、根の栄養源を化成肥料から有機物に変更すれば、有機物を速やかに作物養分に変換する〈担い手〉を土壌生物（微生物も動物も）に求め、さらに無農薬に変更すれば、土壌病害を防ぐのも土壌生物に依存せざるを得ません。とうぜん耕起は、ミミズのはたらきがとって替わることが期待されます。

地表や地下に持ち込まれた枯草をミミズが食べ、糞をすることから、次つぎにいろいろな動物の流れが起こります。さらに、地下を縦横に走るミミズの孔に微生物・動物・作物根など生物の世界が発達し、土壌生物の多様性が高まります。こうした大地を人為に耕してしまえば、長い期間をかけて土中に作られたミミズの孔が壊れ、さらにミミズやいろいろな土の生きものも殺傷され、ついには生物の世界が消失しかねません。

土壌動物の多様性は、環境変動につねに即応できる予備の多様な動物群・種類を有します。このことが、気象や耕すなどの土壌管理がひきおこす作物の環境の変動によって、それまで重要な役をこなしていた動物群・種類の密度や機能を低下させられたさい、その機能を予備の動物群・種類で対応することができます。

多様な土壌動物が、多様な病原菌を摂食（直接・間接）することにより、病原菌の増殖条件を減少させ、作物への感染と発病を阻止します。また、動物の餌としての病原菌が存在しないときは、多様な動物が替わりの餌となり、動物相を維持します。

（図30）科学研究の成果としての土壌圏活用型

	肥料 化成	肥料 有機	農薬	耕起
伝統農法	○	○	○	○
自然農法（1930昭10岡田茂吉）	×	○	×	○
慣行農法（1968昭43農業基本法）	○	○	○	○
有機農法（1972昭47有機農業研究会）	×	○	×	○
有機農法（慣行の）	○	○	○	○
土壌圏活用型農法（1998中村）	×	○	×	×
環境保全型農法（2000平11新農業基本法）	○	○	○	○

有機肥料：植物系・動物（含：人糞）系・微生物系
農薬：合成・非合成（天然鉱物・動植物系）
耕起：家畜・小型機械・大型機械

（図31）決め手は土壌圏、その担い手は土壌生物
土壌動物からこれからの農業を考える～土壌圏活用型から創造型へ

部位	対象	慣行法 対処法	土壌園活用法 対処法	必要条件 《機能》	担い手は	（主な動物群）
茎葉実（地上部）	病害虫	薬剤	無薬剤	《防ぐのは》	生物	多様性（捕／菌食者）
		組換体	茎葉の体質強化	《強化するのは》	生物	多様性（デトリボーラ）
	雑　草	薬剤	藁／草被覆	《防ぐのは》	生物	多様性（捕／菌食者）
		組換体	還移	《防ぐのは》	生物	還移中断（共栄植物）
		ポリマルチ	藁／草被覆	《防ぐのは》	生物	多様性（捕／植食者）
		耕起	省・無耕起	《耕すのは》	生物	多様性（土食者）
根（地下部）	病害虫	薬剤	無薬剤	《防ぐのは》	生物	多様性（捕／菌食者）
		組換体	根の体質強化	《強化するのは》	生物	多様性（デトリボーラ）
	栄養源	化成肥料	有機物	《栄養にするのは》	生物	多様性（デトリボーラ）
		耕起	省・無耕起	《耕すのは》	生物	多様性（土食者）

※多様性：遺伝子・種・生態系　　デトリボーラ：主に腐植食者

「落葉果樹」中村好男1999（JA福島経済連）を改変

二重被覆の意義と土壌圏活用型農法

生物遷移と栄養の流れをひきおこすミミズが活躍する土壌圏活用型農業の基本は、ミミズの生きる条件~餌と棲む場所~を最大限に考慮することです。

その技術の重要な検討課題として、日本の風土的特性（多雨、湿潤土壌水分、土の高有機物含量、塩基溶脱と酸性化など）がもたらす生育が旺盛な草（雑草）を十分に活用する、ということがあります。さらに、土壌圏機能の《担い手》であるミミズや、その他の動物の多様性を高める条件（餌・棲む場など）を満足させ、維持することが必要です。それには、①土は攪乱されない、②食べものが多様である（土壌動物の食性は多様：菌・肉・根・枯草・腐食性など）、③多様な土の3相や3性質が散在する（土壌動物の棲み場は水中、湿った場、乾いた場など）、そして、④これらの3条件が恒常的に確保されることです。

土壌の攪乱を避けるには、無耕起が必要です。全面でなくても、畝（通常の2畝の幅）だけでも十分です。まず、植溝や地表面に堆肥（ミミズ堆肥が望ましい）などの分解しやすい有機物（易分解性有機物）を、ついでその堆肥材料（落ち葉・刈り草など難分解性有機物）によって被覆（二重被覆）します。こうすることで、難分解性有機物層では枯葉型ミミズ、易分解性有機物層では堆肥型ミミズ、さらにその下の土壌層では土壌型ミミズが活躍できます（図32）。

二重被覆は堆肥を使わないで、刈り取った草を積み重ねて行うこともできます。収穫対象部位を除く茎葉などは粉砕し、被覆材料とします。太陽光による刈り取ったあとの土壌表面の急激な地温上昇で乾燥をさせないように、草の刈り取りは、なるべく曇天に行います。腐らせないように乾かした枯草とします。被覆できないときは野積みします。種播きは、ダイコンなどが幅数cmの溝切り、ジャガイモなどが溝穴を作り、行います。

水田は、収穫後から春の植え付けまでの期間を二重被覆します。この期間に多くの土壌動物が活動し、土づくりが進行します。例えば、灌（有）水期

（図32）土壌圏活用型を創造する技術～二重被覆

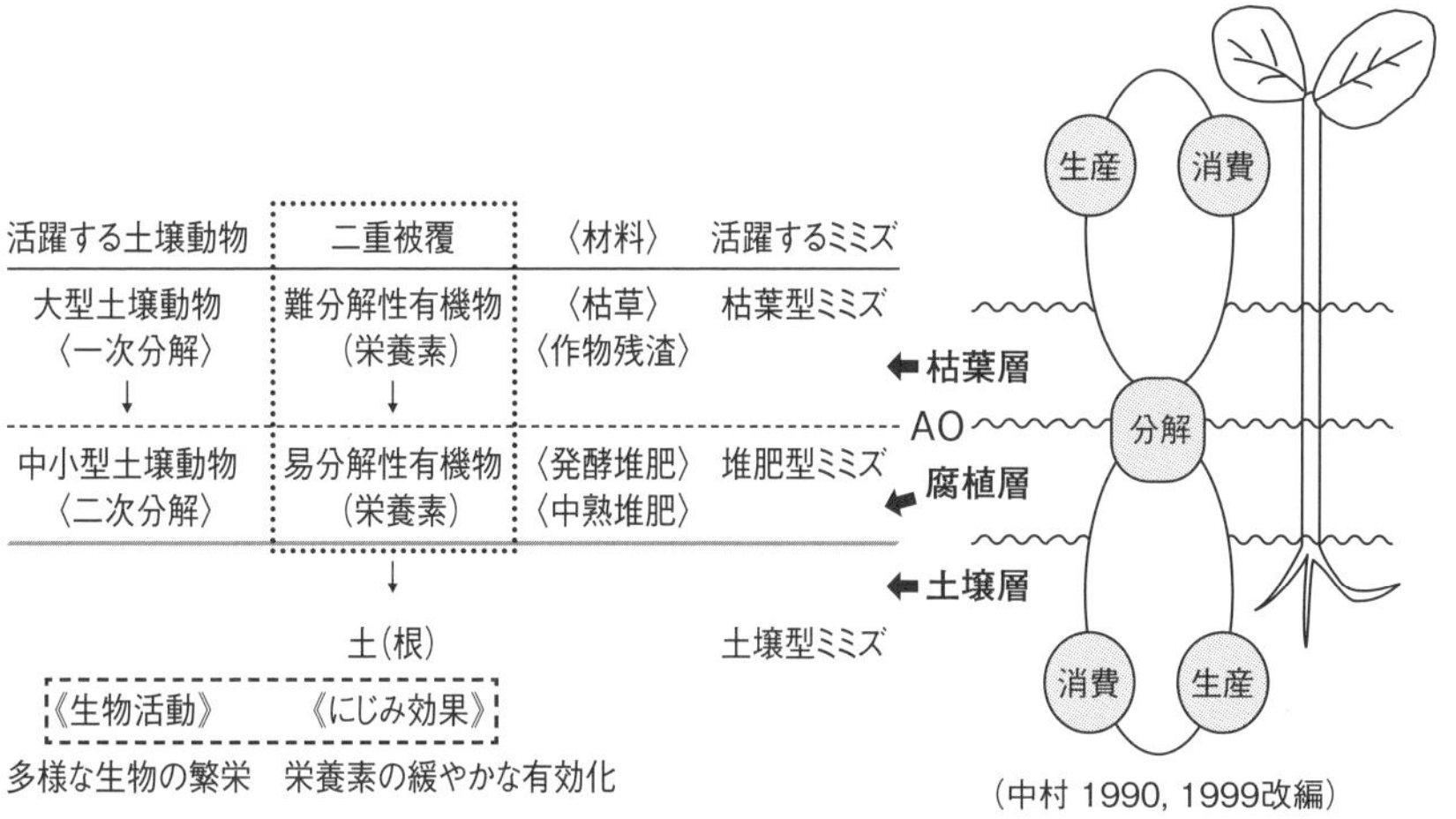

活躍する土壌動物	二重被覆	〈材料〉	活躍するミミズ
大型土壌動物 〈一次分解〉 ↓	難分解性有機物 （栄養素） ↓	〈枯草〉 〈作物残渣〉	枯葉型ミミズ
中小型土壌動物 〈二次分解〉	易分解性有機物 （栄養素）	〈発酵堆肥〉 〈中熟堆肥〉	堆肥型ミミズ
	↓		
	土（根）		土壌型ミミズ
《生物活動》	《にじみ効果》		
多様な生物の繁栄	栄養素の緩やかな有効化		

（中村 1990, 1999改編）

「落葉果樹」中村好男1999（JA福島経済連）を改変

（図33）水田。貧毛類変遷（陸生小型→水生→陸生大型・小型）。
いつもミミズの活動が可能な条件を作る

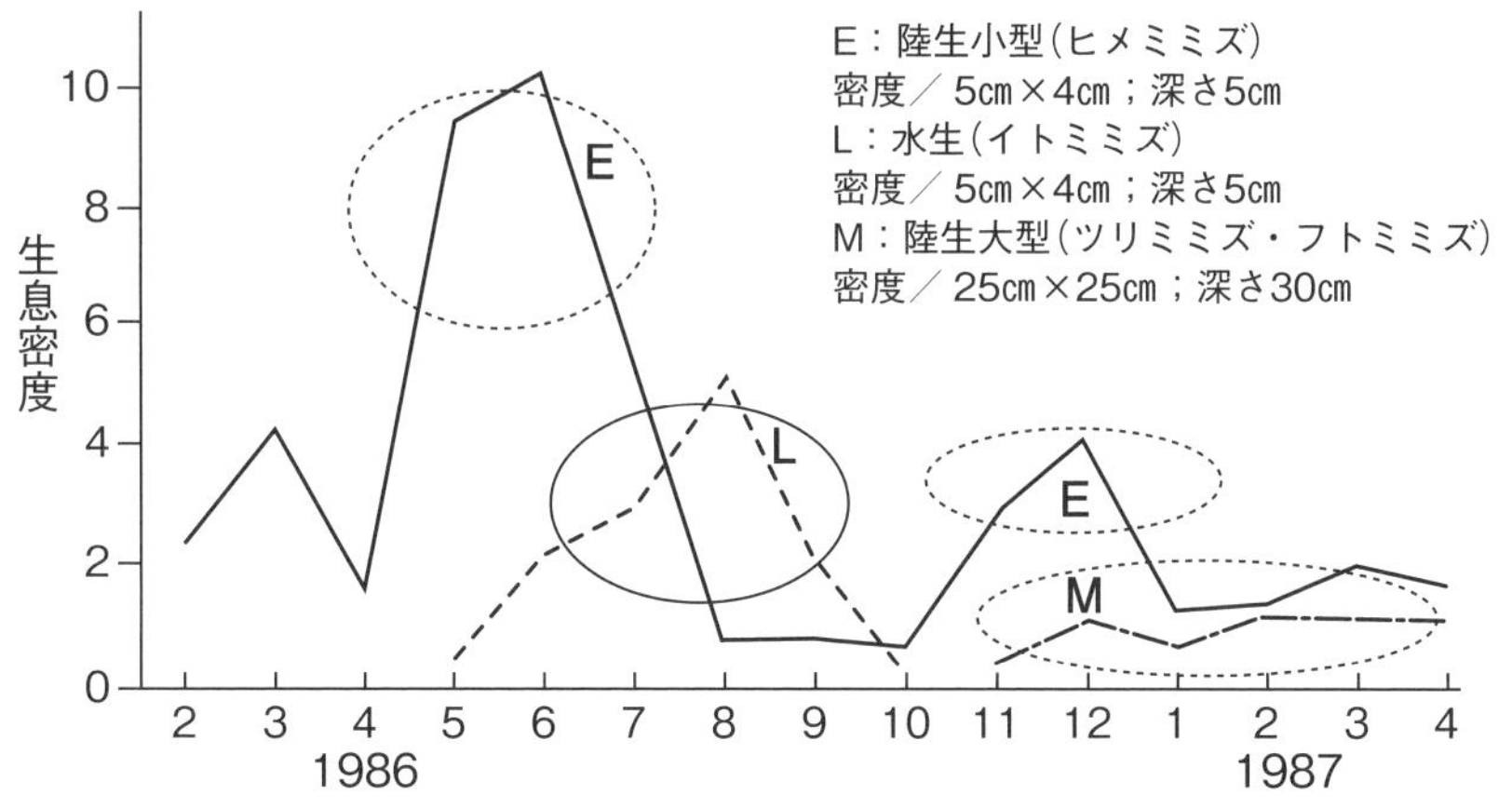

「土と健康」中村好男1990（有機農業研究会）
「農業と科学」中村好男1999（チッソ旭肥料）

に活躍した水生ミミズが落水以降少なくなるのに反してヒメミミズが多くなり、翌年の春まで活躍します。

さらに、大型ミミズも畦（土）から入り込みます。冬季に灌水すれば、水生ミミズの活躍も期待されます（図33）。

被覆物がミミズの棲みかを提供し、餌となり、しだいに分解し栄養素がじわじわと滲みだします。被覆物は土壌表面を、雨、太陽光、風から保護し、適度な水分を確保し、雑草の発芽を抑制します。融雪は早まり、少しの雨なら畑に入ることができます。二重被覆を継続すれば、森のように落葉層と腐植層が作られ、落葉層に枯草型ミミズや大型の土壌動物が、そして腐植層に堆肥型ミミズや中・小型の土壌動物など多様な土壌動物が生活可能となります。土壌型ミミズの活動も、いっそう強化されます。

二重被覆の作製法とその効果

《二重被覆》を作る作業手順を、①畑外の有機物を堆肥化し、それを用い二重被覆する、②無堆肥で、畑内の草を刈り取り被覆する、の2条件で検討しました。

1―1：名寄《なよろ》（北海道）試験地において、大型機械使用、耕起・無農薬・無化成肥料、前作残渣《ざんさ》還元、畝間に牧草やエン麦播種、クマザサ堆肥（畑外の林床の落ち葉、豆殻と麦藁混合）、近郊の林床の堆積物を採取し二重被覆（土壌圏法）しました。寒冷で積雪地のため、夏作（大豆など毎年異なる）のみ、１９７６年から10年間栽培しました。

試験地は長年にわたり慣行法（耕起・化成肥料・化学農薬）で栽培され、収量低下から放棄された重粘土性土壌の畑地です。土の分析によると、開始年に比べて10年後の土の物理性の3相分布、容積重、含水量とも大きな変化はなく、化学性の交換能、リン酸量、カルシウムとカリウム含量が減少し、マグネシウム含量が増加しました。大型ミミズはツリミミズ科の3種類が採集され、個体数は厳冬に多く、春の農業機械使用後に激減しました（図34）。小型ミミズも同じように春の耕起後に激減しました。

1―2：つくば（茨城県）試験地において、夏作

(図34) 名寄試験地のミミズの数の推移

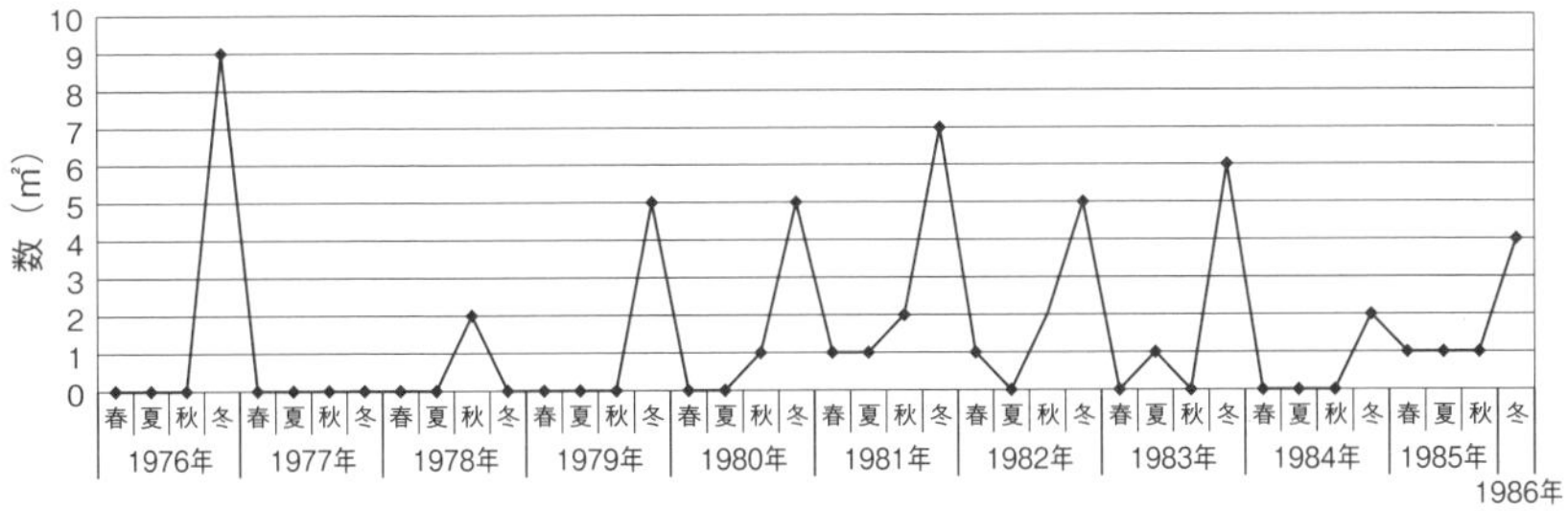

名寄試験地のミミズの密度（Nakamura & Fujita 1998を改図）

(図35) 二重被覆～腐植層（FH）の形成（つくば）

腐植とは、微生物体と
新鮮植物遺体を除く
すべての有機物

手順①被覆物を剥ぐ
②易分解性有機物(堆肥)を入れる
③難分解性有機物でおおう

（図36）つくば試験地のミミズ数の推移

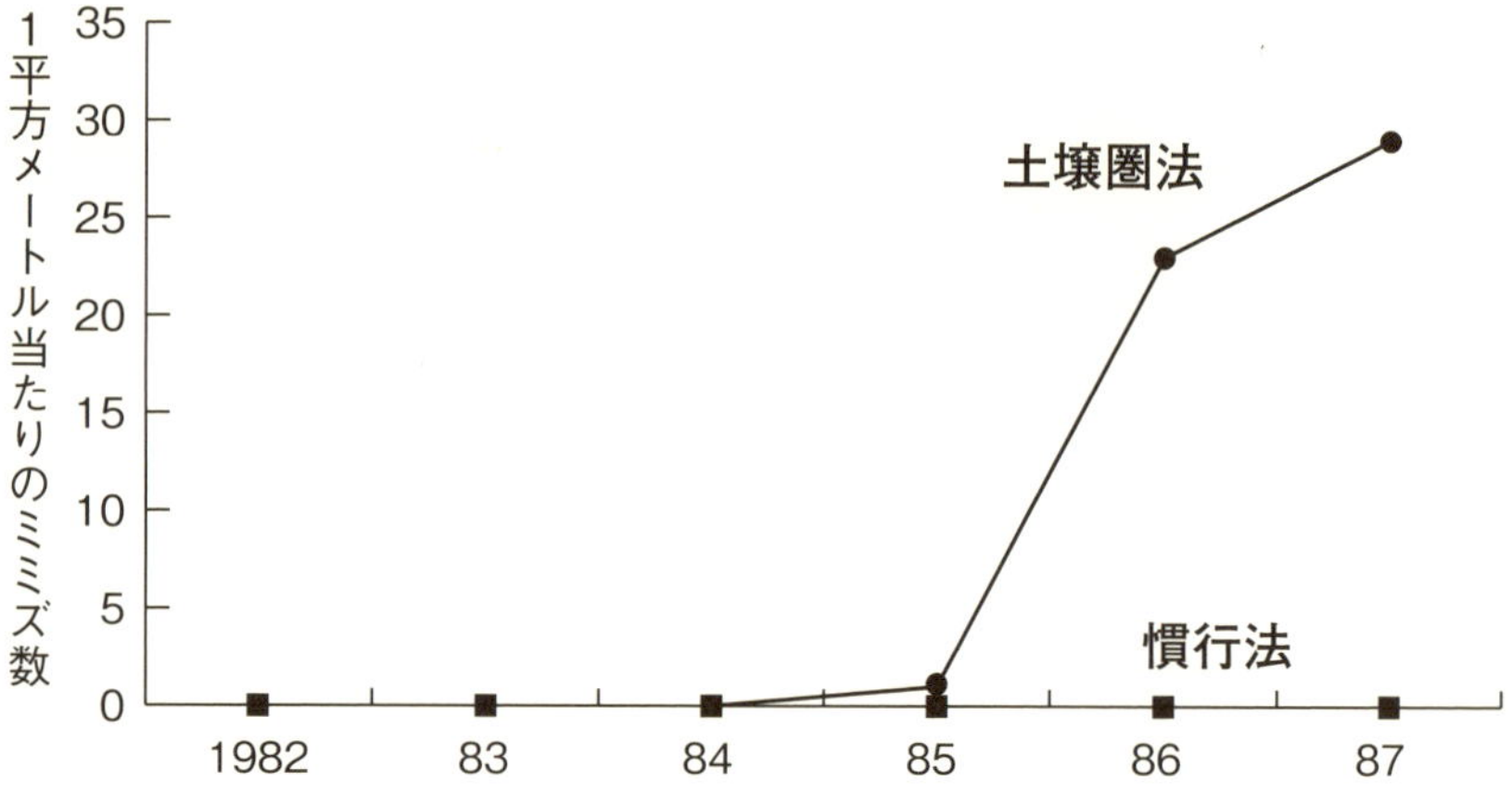

「Soil Till Res」Nakamura1988（Eisevier）に未資料を付加改図

に陸稲、冬作に小麦あるいは大麦を1982年から6年間栽培しました。管理条件は無耕起・無農薬・前作残渣被覆・雑草刈り取り放置・枯草（畑外の林床や土手から採取し、野積）堆肥の二重被覆（土壌圏法）です。対照地は耕起・化成肥料・化学農薬（除草・殺虫剤）・藁堆肥施用の管理条件のものをあてました（慣行法）。

前作の収穫後、草を刈り払い放置し、播き溝を作り播種し覆土しました。その後、枯草堆肥を播き溝にそって施し、その上に、前作残渣や枯草を敷き二重被覆としました。生育中の除草は刈り取り放置しました（図35）。

土壌圏法の作物の生育は慣行法に比べ、初めは劣りますが、年数を経るにともないよくなりました。特に、陸稲の収量は、土壌圏法へ転換後の初年度は、慣行法の10％以下で、その後増加し、4年目には慣行法の73％に達しました。土壌圏法の土のpHは中性に近くなり、窒素と炭素量が表層に年々貯まりました。

慣行法と比べ土壌圏法では、大型動物の密度がし

（図37）福島試験地の大豆播種後

大豆　（畝幅60cm）前作の麦

だいに高くなり、種類も多くなりました。そのうち大型ミミズは1年目は皆無で、2年目にフトミミズ類、3年目以後はフトミミズとツリミミズ類が急激に増加しました（図36）。中型動物のササラダニの種類数は、土壌圏法が初年目11種で、それ以降種類が追加し全期間で33種採集され、1調査の最大は16種でしたが、慣行法は毎回1～2種が採集され、合計7種でした。ヒメミミズは両法とも4～5属の種類が採集されたが、高密度の属がそれぞれ異なりました。

２：福島（福島県）試験地において、畑の周囲を草地（1～2ｍ幅）とし、畑外から有機物を持ち込まず、夏作に大豆、冬作に大麦を１９９０年から８年間栽培しました。管理条件は無耕起・無農薬・前作残渣被覆・雑草刈り取り放置（土壌圏法）としました。対照は慣行法（1―2と同じ条件）で栽培しました。

前作の収穫後、大型機械で前年と同じ位置に播き溝を切り、播種しました。その後、裁断した前作残渣や枯草を敷きました。生育中の除草は刈り取り放

（図38）福島試験地のミミズ数の推移

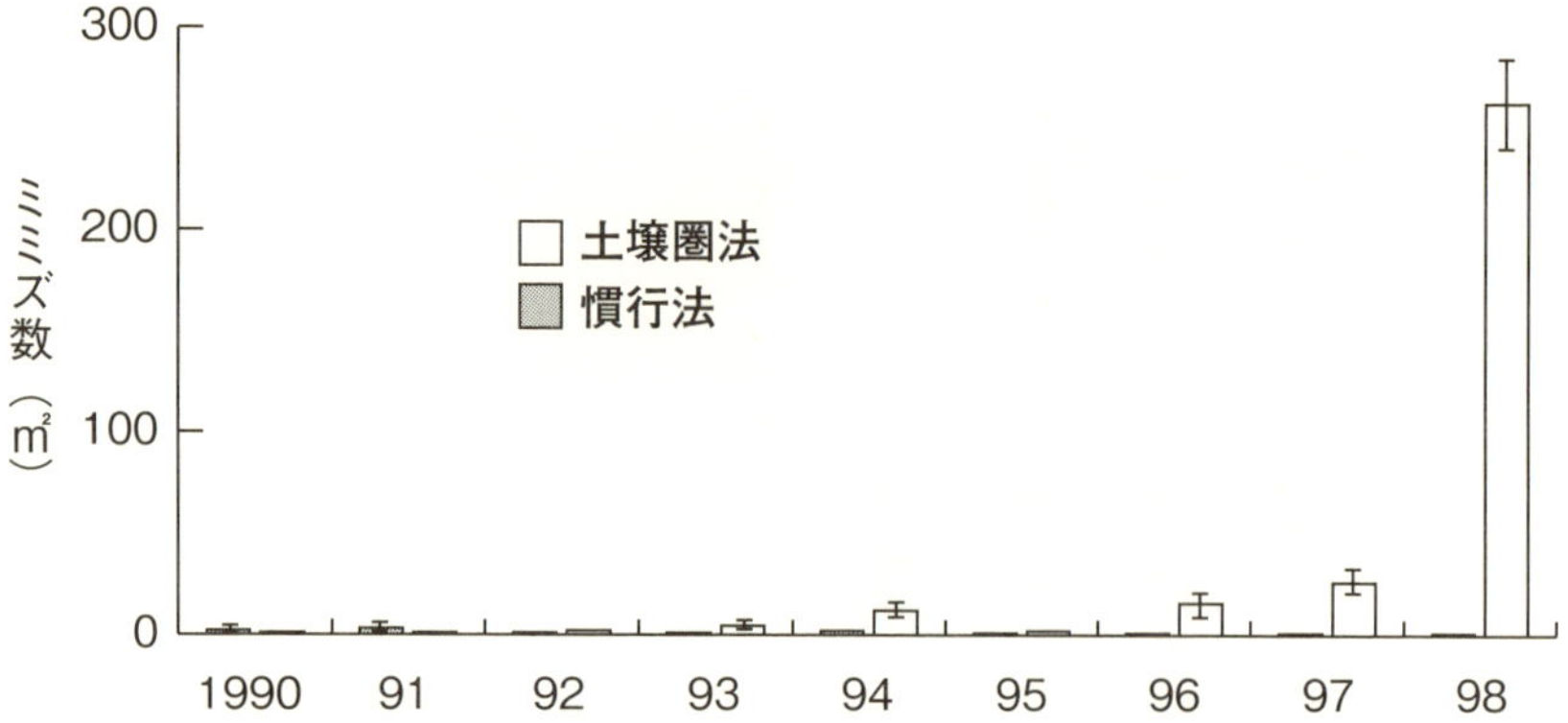

「愛媛大農紀要」Nakamura et. al. 2003（愛媛大）より改図

置しました（図37）。

6年目の土壌圏法畑の表層に1・2㎝の腐植層が形成され、土の成分量のうちカルシウム量が増しました。土壌圏法の収量は年数を経るにともない増加し、特に4年後の大豆は慣行法の175%に達しました。この大豆の根（主根）が地下深くに伸びず、側根が地下0・5㎝に集中しました。

大型ミミズは慣行法畑からは採集されず、一方、土壌圏法畑では3年目にツリミミズ科の種類が見つかり、これは周囲の草地から侵入したと推定されます。その後、ほかの種類が現れ、大型ミミズ数は4年目から増加し、8年目は1㎡当たり200個体以上となりました。

ツリミミズ科3種とフトミミズ科2種が採集され、前半4年間はツリミミズ科が、後半4年間はフトミミズ科の個体数が多くなりました。このフトミミズ科は腸盲嚢が単純型から複雑型の種類に移行しました（図38）。

ヒメミミズとササラダニの種数と個体数は、各年とも土壌圏法が慣行法よりも大でした。慣行法のヒ

（図39）もち米の成分比較

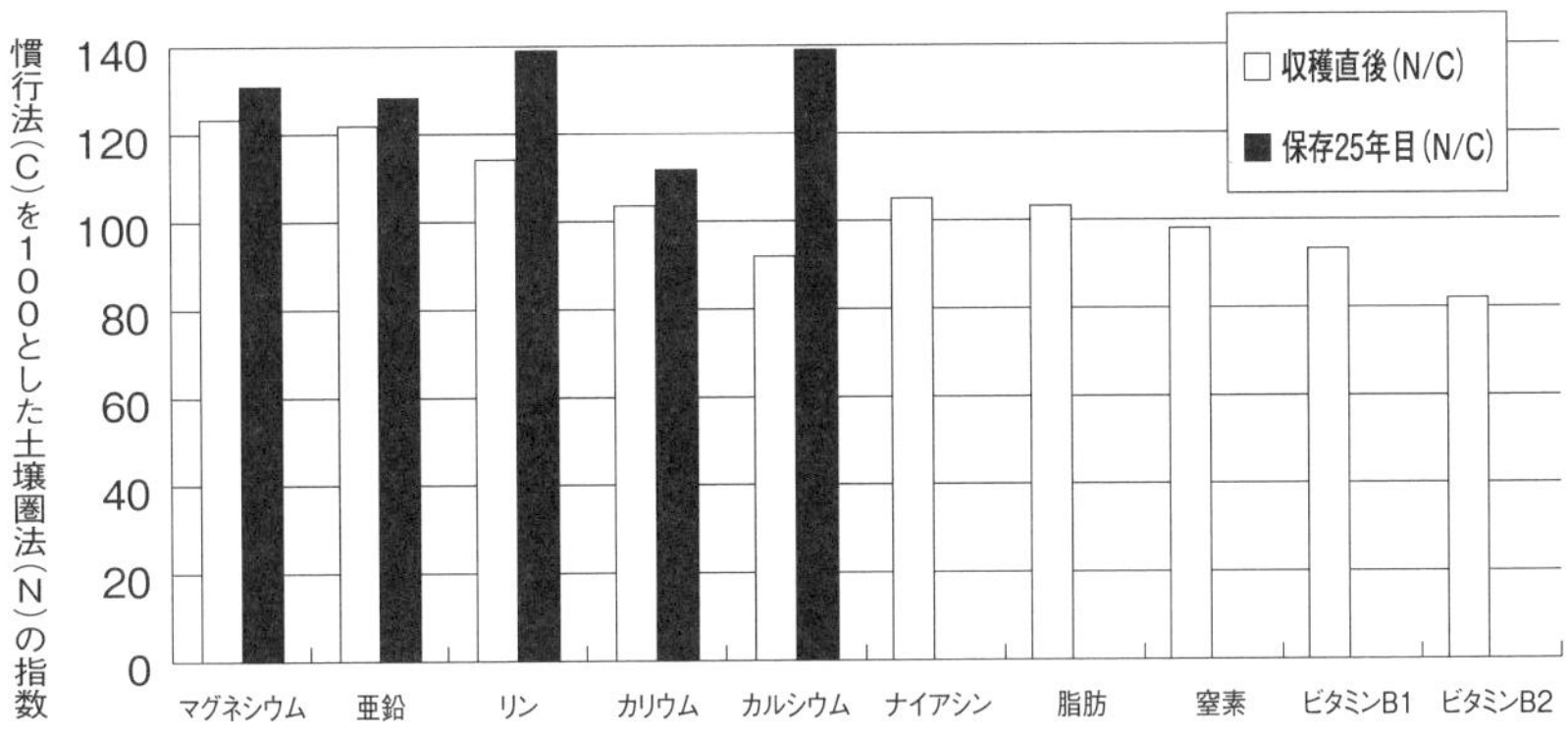

「たより」中村好男1990（東北農業試験場）に未発表資料付加し作図

メミミズが春（3月）から夏（7月）は、ほとんど0でした。

土壌圏活用型農法産物の特徴（執筆・中村好徳）

慣行農法産作物に比べ、有機農法産や土壌圏活用型農法産物は「おいしい」「爽やかな味」「味が濃い」あるいは「日持ちがよい」、しかし「皮が固い」など評価もまちまちです。

しかし、いまだ慣行農法と土壌圏活用型農法産物の品質の相違については不明な点が多く、ここでは慣行農法（慣行産）と土壌圏活用型農法産物（土壌圏産）の構造の比較を紹介します。供試作物の米は上記1－2（つくば試験地；堆肥を用い二重被覆）、大豆は上記2（福島試験地；無堆肥で草を刈り被覆）で栽培されたものです。

米（もち米、陸稲）の事例

試験栽培4年目の慣行産および土壌圏産の陸稲穀粒（品種：はたきぬもち、1986年度産）の各約500g（収穫直後の玄米）を、常温および遮光し

（図40）もち米の断面の比較（電子顕微鏡写真）

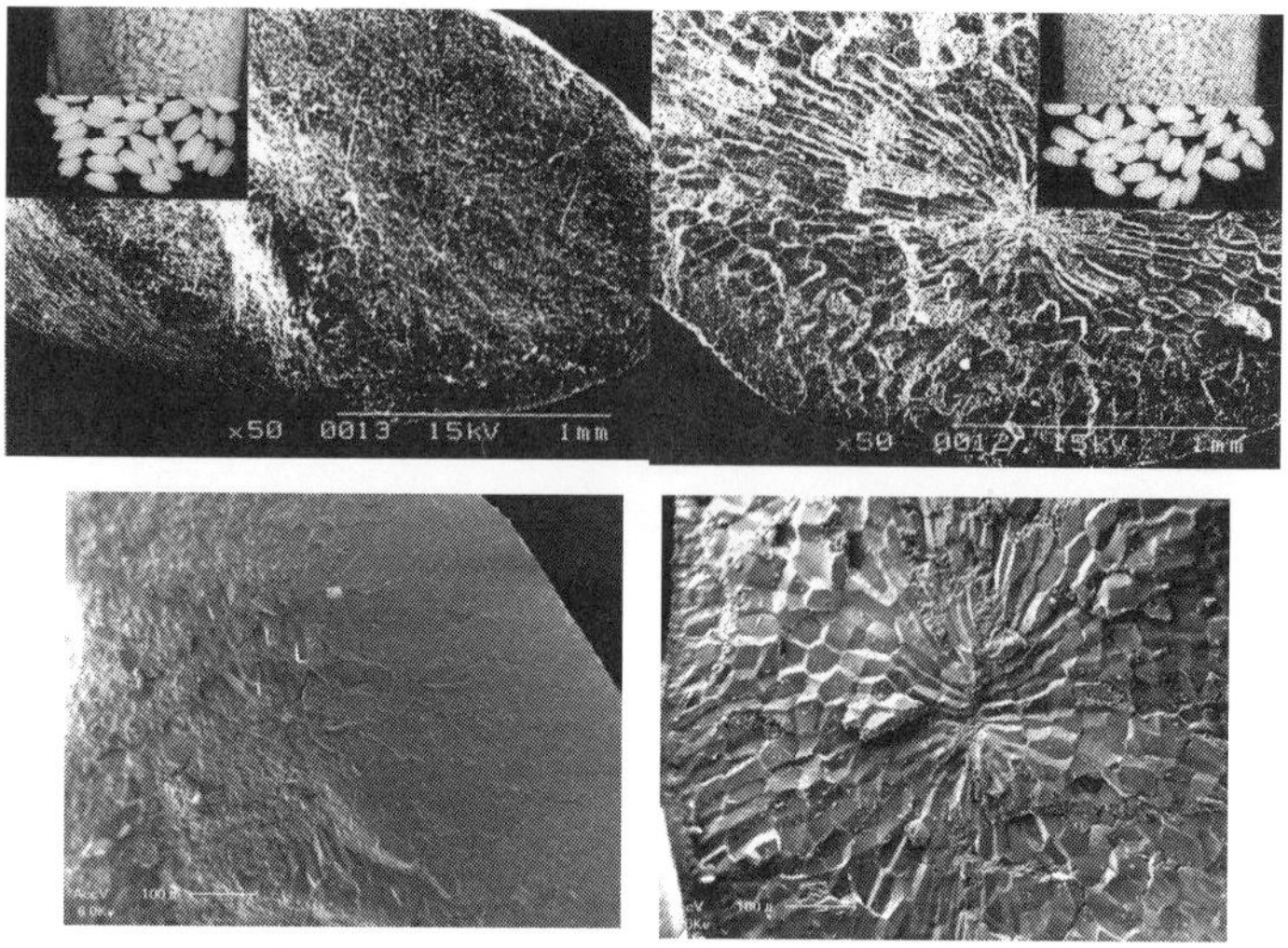

8年保存後　25年保存後

慣行産　土壌圏産

て保存し、8、14および25年後（2011年）に分析しました。

栽培4年目の土壌圏産の陸稲は、慣行産に比べて、穂長、稔実重および千粒重が高く、茎長と藁重が低くなりました。収穫直後の土壌圏産米の成分は、慣行産米に比べてマグネシウム、亜鉛、リン、カリウム、ナイアシンおよび脂質が多く含まれていました。一方、カルシウム、全窒素およびビタミン類はやや低い値でした。さらに保存25年目に測定した5成分のいずれもが、慣行産米に比べて多く、収穫直後に少なかったカルシウムも高い値でした（図39）。

保存25年目の米粒の外観は、慣行産米に比べて、土壌圏産米は黄色みでした。走査型電子顕微鏡による米粒内部の観察によると、保存8、14年目の土壌圏産米は、明瞭な胚乳細胞の輪郭が観察されました。

さらに保存25年目の土壌圏産も、明瞭な胚乳細胞の輪郭を有する米粒が観察され、慣行産米は不明瞭な米粒が含まれていました。高倍率で観察したとこ

（図41）大豆　収穫直後と９年保存後

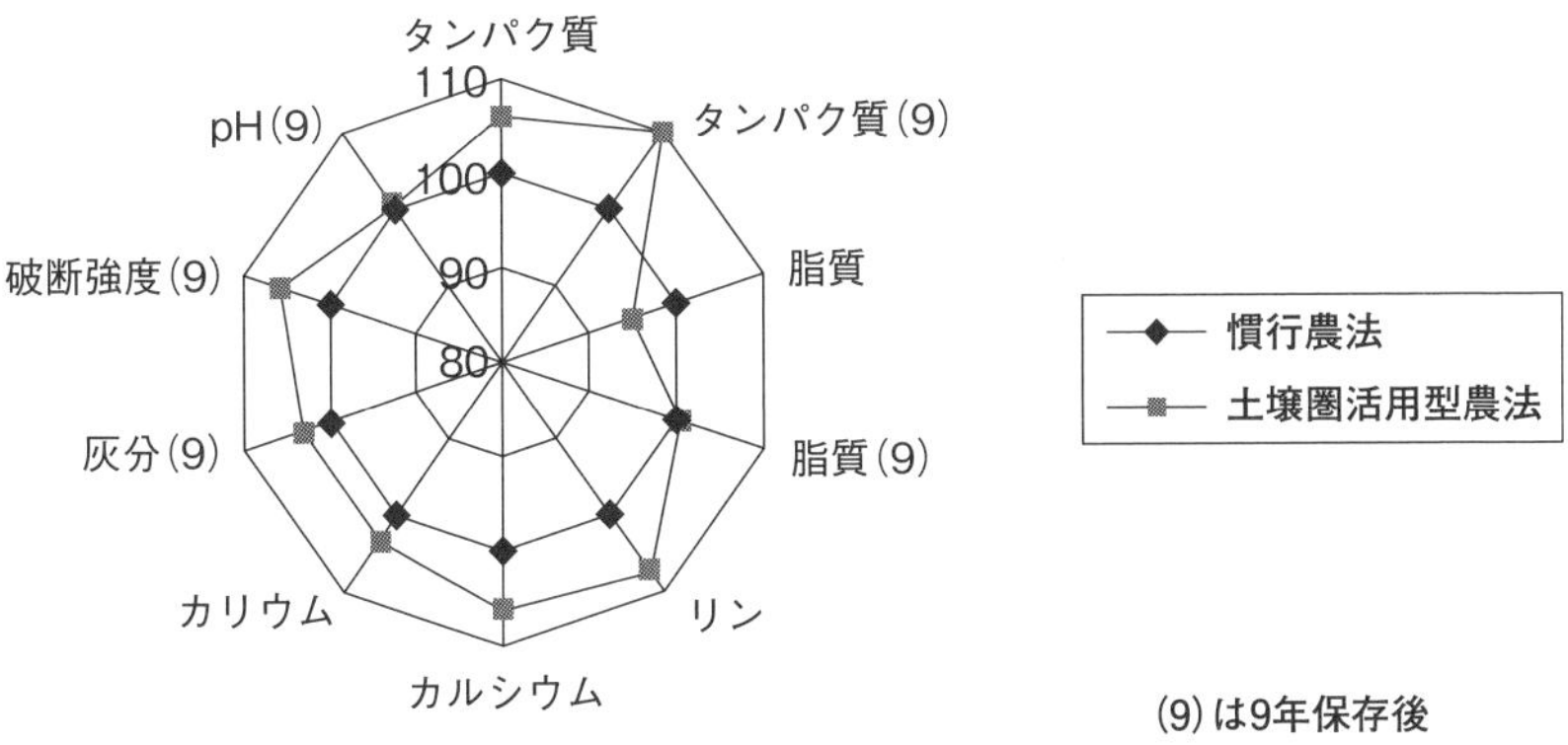

慣行法を100とした土壌圏法の指数

「九州大農彙報」Nakamura et al 2007（九州大農）を改図

ろ、慣行産米で観察される、すり潰されたような不明瞭な胚乳細胞は、胚乳細胞自体の崩壊による組織構造の脆《もろ》さが原因であると推察されました（図40）。

化学肥料という無機質を栄養源としても、あるいは有機質を栄養源としても、例えば窒素は作物体による吸収や作物体内でのはたらきに、なんら差異がないと思われます。

実際、収穫直後の玄米で、慣行産と土壌圏産米の全窒素量は同程度でした。しかし、なぜ長期間保存後に両者において外観や米粒内部の形態において差異が生じるのでしょうか。成分分析では明らかにできない差異、例えば細胞構造や細胞壁に沈着する元素の含有量などに原因があるのでしょうか。

収穫直後において、何種類かのミネラル（リン、カリウムやマグネシウム）の含有量が土壌圏産米のほうで高かったという現象が見られます。試験に用いた種籾は、初年度は他所（慣行法産）から持ち込み、その後は自家採種したものです。慣行農法と土壌圏活用型農法という土壌管理の違いが、作物自身のそれらの違う条件に対する生理的反応以外にも、一つの生物種としてもなんらかの変異をひきおこしたのではないかとも推察されます。

大豆の事例

試験栽培5年の慣行産および土壌圏産の大豆（品種：ホウレイ、1995年度産）約500g（収穫直後）を、常温および遮光して9年間保存後に分析しました。

大豆の外観に違いはなく、腐敗や害虫の発生などはありませんでした。収穫直後の大豆の一般成分とミネラル組成のうち、土壌圏産大豆はタンパク質、カルシウム、カリウムおよびリン含量が高くなりました。保存9年目の成分は、タンパク質含量が土壌圏産大豆で有意に高くなりました。

また、簡易定性によるミネラル組成分析では、特にカリウム含量で土壌圏産大豆が慣行産大豆よりも425０mgも高いという結果でした。収穫直後のカリウム含量の差は、わずかに60mgでしたが、長期保存後では約7倍の差に拡大しました。この変化はなぜひきおこされたのでしょうか（図41）。

食品の硬さの指標となる破断強度を測定したところ、土壌圏産大豆のほうが硬くなっていました。粉状にした大豆を蒸留水で攪拌した溶液のpHは、土壌圏産のほうがかなり高く、その起因は慣行産よりも多く含まれていたカリウム、カルシウムやマグネシウムにあると予測されました。このことは、土壌圏産大豆のほうが保存中に内容物の変化も少なく、栄養価も維持されうることを示唆しています。

視覚による外観観察および走査型電子顕微鏡による種皮の観察では、慣行産と土壌圏産大豆に相違は見られませんでした。しかし、組織切片を観察したところ、慣行産大豆は多くの子葉細胞の崩壊が確認されました。子葉細胞がそっくり抜け落ちている箇所が多く観察されました。

また、土壌圏産大豆が整然とした細胞形態を保っているのに対して、慣行産大豆は穴だらけのタンパク質顆粒や、ちぎれかかった細胞壁も無数に観察されました。細胞膜が破れ、内容物が流失している状態の子葉細胞も観察されました。これらの形態学的観察結果は、前述の生化学データを裏付けるものです。なんらかの原因で、慣行産大豆の細胞形態は長期保存中に崩壊し、その結果、細胞膜が破れ内容物が流出します。

この細胞の内容物の流出はカリウム含量の減少や、それにともなうpHの低下をひきおこします。慣行産大豆で破断強度が低かったのも、細胞壁の崩壊などにより組織そのものの強度が低下したからと推測されます。

土壌圏産物は細胞構造が明瞭であり、内容物が流出しにくい特徴を有することが示唆されましたが、これらの結果は予備的な試験として扱う必要があり、その理由は収穫直後の形態観察を行っていないことです。しかし、本研究の後に別の実験として行った収穫直後の枝豆の組織比較において、土壌圏産に比べて慣行産枝豆においても若干の相違、例えば種皮が薄い、細胞間隙が多い、細胞壁と脂質顆粒間の不明瞭さが観察されました。こうした両農法産の形態学的相違は、収穫以前から形成され、保存期間が長くなるにつれてじわじわと現れてくるようです。

前記のごとく米と大豆の事例から、慣行農法と土壌圏活用型農法産物の品質にさまざまな相違があり、その違いは成分のみならず細胞形態にも影響を及ぼすことが明らかになりました。今後、両者の生産体系と生産物の品質について、長期間の比較試験および再現実験が必要です。

なお、うるち米、ダイコン、カラムシ（茎）の細胞形態にも似たような違いが観察されました。本稿は「現代農業」(2007. 10.), 10: 248-250 に追加実験を含めて大幅に加筆修正しました。

ミミズの採集と見分け方の実際

〈採集法の基本〉

陸生大型ミミズ

畑などに棲む大型陸生ミミズの採集は、手づかみ

（図42）陸生大型ミミズ（手づかみ法：ハンドソーテング）
陸生小型・水生ミミズ（湿式篩法：オ・コーナー装置）

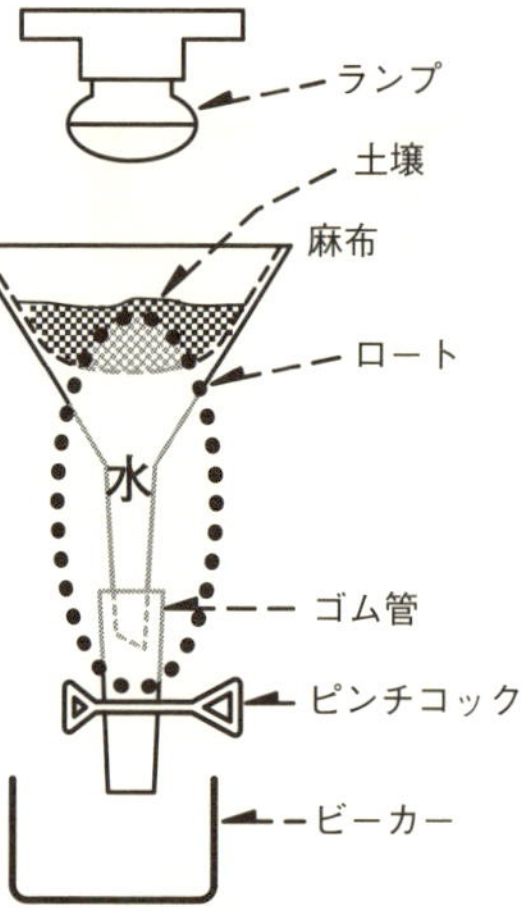

小型ミミズ（ヒメミミズ）
の抽出装置

陸生大型ミミズ（手づかみ法）

法で行われます。土を掘り取り、土塊や根を手でほぐしながら、手やピンセットでミミズを採集し、容器の60％アルコール液に保存します。ミミズが入り込んでいることがあるので、特に絡み合った根はていねいにほぐします。

陸生小型ミミズおよび水生ミミズ

湿式篩《ふるい》法で採集します。まず採集する土や枯葉などを麻布で包み、ロート内の水中に浸し、上方から電灯を照らし暖めます。

このさい電灯の強さと高さは、水面温度が3時間後に42℃になるよう調節します。3時間後にロート下部から水を少しずつ平たい容器に移し、スポイトや針ですくい上げて別の容器（60％アルコール液）に保存します（図42）。

〈見分け方のポイント〉

陸生大型ミミズ

（フトミミズ類とツリミミズ類）

(図43) ミミズの種類を見分けるポイント

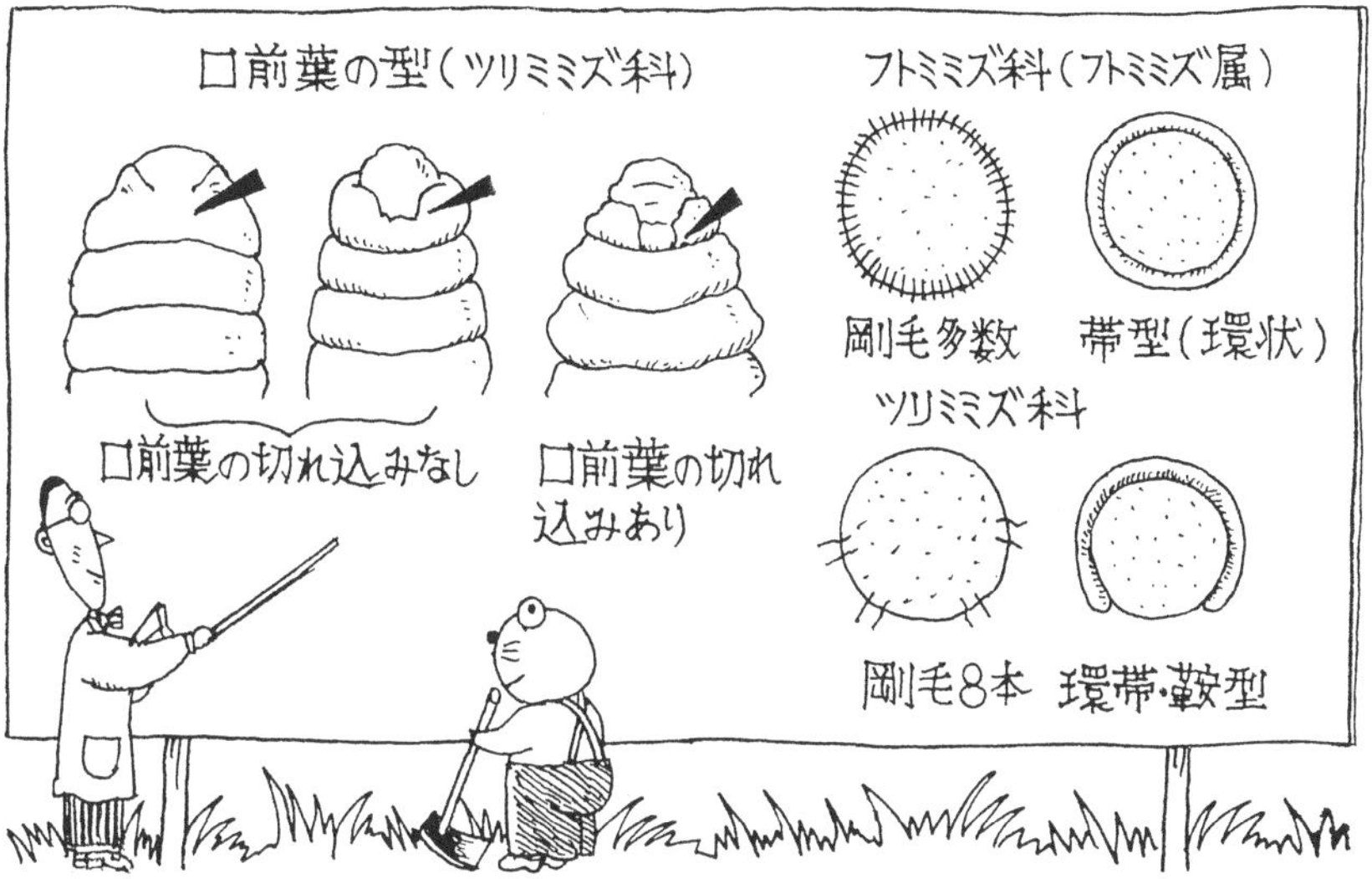

「ミミズと土と有機農業」中村好男1998（創森社）

ふつう見られる陸生大型ミミズ類は、フトミミズ類とツリミミズ類の種類です。フトミミズ類には、土づくりに活躍するヒトツモンミミズなど１００種以上が記録されています。それに比べてツリミミズ類は、堆肥づくりに活躍するシマミミズなど数種類です。

フトミミズ類とツリミミズ類は、剛毛の数で見分けます。フトミミズ類の剛毛は一つの体節ごとに10本以上であり、ツリミミズ類は8本です。成体なら環帯の形状で見分けることができます。フトミミズ類の環帯は体を一周し、まるで包帯を巻いているごとくです。ツリミミズ類は体を半周し、まるで鞍を置いたごとくです。ただし、あくまで一般的なフトミミズ類とツリミミズ類の区別法です（図43）。主な種類の見分け方を図に示しました（図44）。

ツリミミズ類は、体表の表徴（口前葉の形状、剛毛の位置、環帯の位置と形状、背孔の位置、雄性と雌性孔の位置と形状など）によって行います。各地から見つかるサクラミミズは、体色が灰色から赤紫、体長が数cmから10cmと範囲がひろく、小型と大

（図44）主な大型ミミズの見分け方

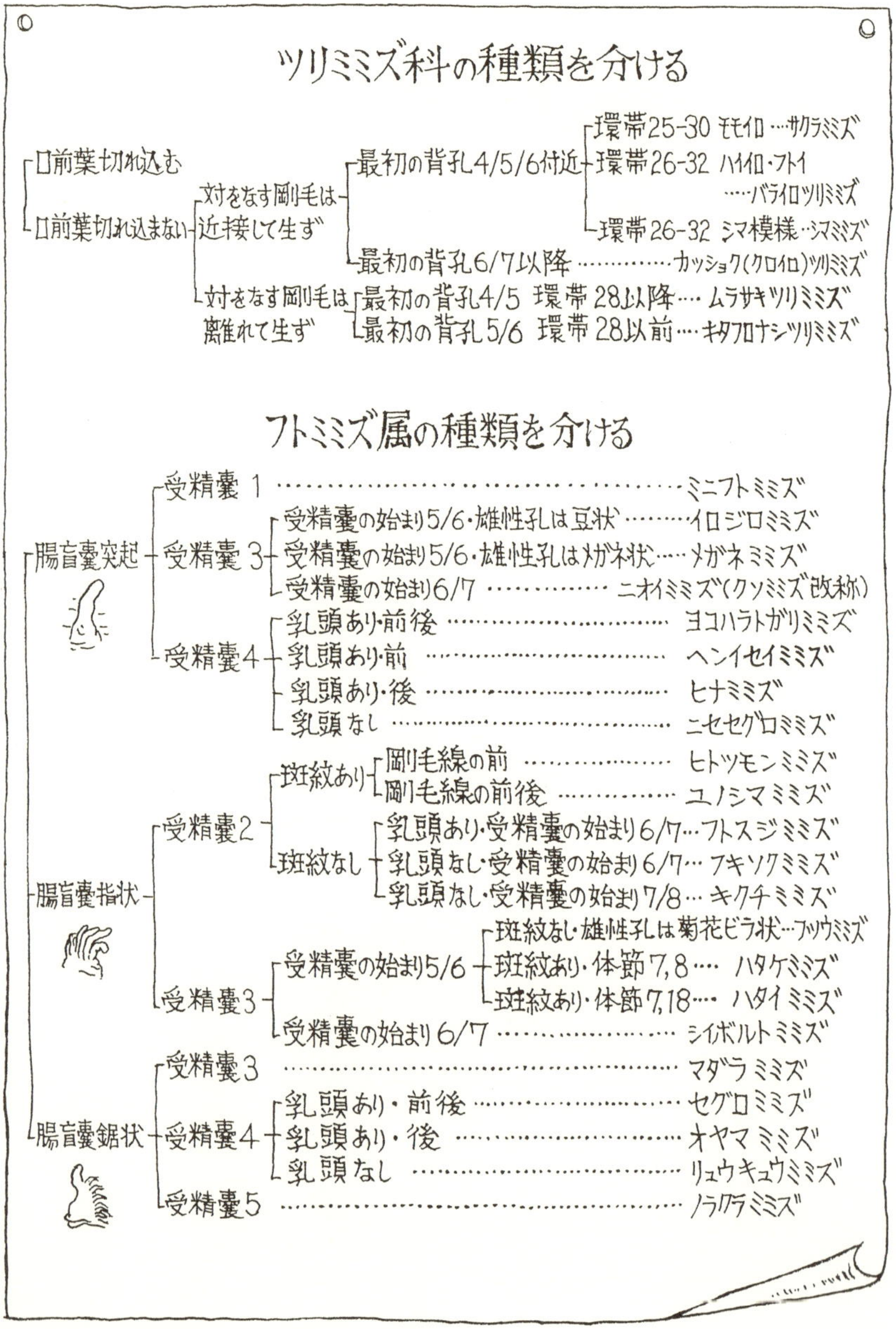
ツリミミズ科の種類を分ける
口前葉切れ込む
口前葉切れ込まない
対をなす剛毛は近接して生ず
最初の背孔4/5/6付近
環帯25-30 モモイロ…サクラミミズ
環帯26-32 ハイイロ・フトイ…バライロツリミミズ
環帯26-32 シマ模様…シマミミズ
最初の背孔6/7以降…カッショク(クロイロ)ツリミミズ
対をなす剛毛は離れて生ず
最初の背孔4/5 環帯28以降…ムラサキツリミミズ
最初の背孔5/6 環帯28以前…キタフクロナシツリミミズ
フトミミズ属の種類を分ける
腸盲嚢突起
受精嚢1…ミニフトミミズ
受精嚢3
受精嚢の始まり5/6・雄性孔は豆状…イロジロミミズ
受精嚢の始まり5/6・雄性孔はメガネ状…メガネミミズ
受精嚢の始まり6/7…ニオイミミズ（クソミミズ改称）
受精嚢4
乳頭あり・前後…ヨコハラトガリミミズ
乳頭あり・前…ヘンイセイミミズ
乳頭あり・後…ヒナミミズ
乳頭なし…ニセセグロミミズ
腸盲嚢指状
受精嚢2
斑紋あり
剛毛線の前…ヒトツモンミミズ
剛毛線の前後…ユノシマミミズ
斑紋なし
乳頭あり・受精嚢の始まり6/7…フトスジミミズ
乳頭なし・受精嚢の始まり6/7…フキソクミミズ
乳頭なし・受精嚢の始まり7/8…キクチミミズ
受精嚢3
受精嚢の始まり5/6
斑紋なし・雄性孔は菊花ビラ状…フツウミミズ
斑紋あり・体節7,8…ハタケミミズ
斑紋あり・体節7,18…ハタイミミズ
受精嚢の始まり6/7…シイボルトミミズ
腸盲嚢鋸状
受精嚢3…マダラミミズ
受精嚢4
乳頭あり・前後…セグロミミズ
乳頭あり・後…オヤマミミズ
乳頭なし…リュウキュウミミズ
受精嚢5…ノラクラミミズ

「ミミズと土と有機農業」中村好男1998（創森社）

（図45）シマミミズとアカミミズの区別

口前葉

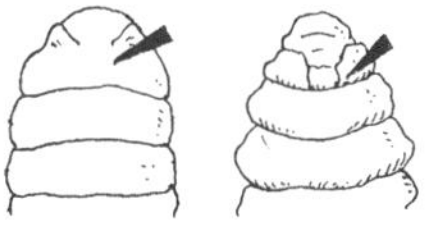

シマミミズ　アカミミズ

背孔

シマミミズの縞模様

共通：環帯は鞍状
　剛毛は各体節に四対、対の剛毛は近接

シマミミズ（*Eisenia fetida*）
　体色は赤褐色、各体節の中央に紫褐色の太い縞模様、環帯24-32体節、最初の背孔は体節間溝4／5、口前葉は切れ込まない（矢印）
アカミミズ（*Lumbricus rubellus*）
　体色は赤から褐色、環帯は26、27-33体節最初の背孔は体節間溝7／8、口前葉は切れむ（矢印）

（図46）ヒメミミズとセンチュウの区別

注意点は体節の有無

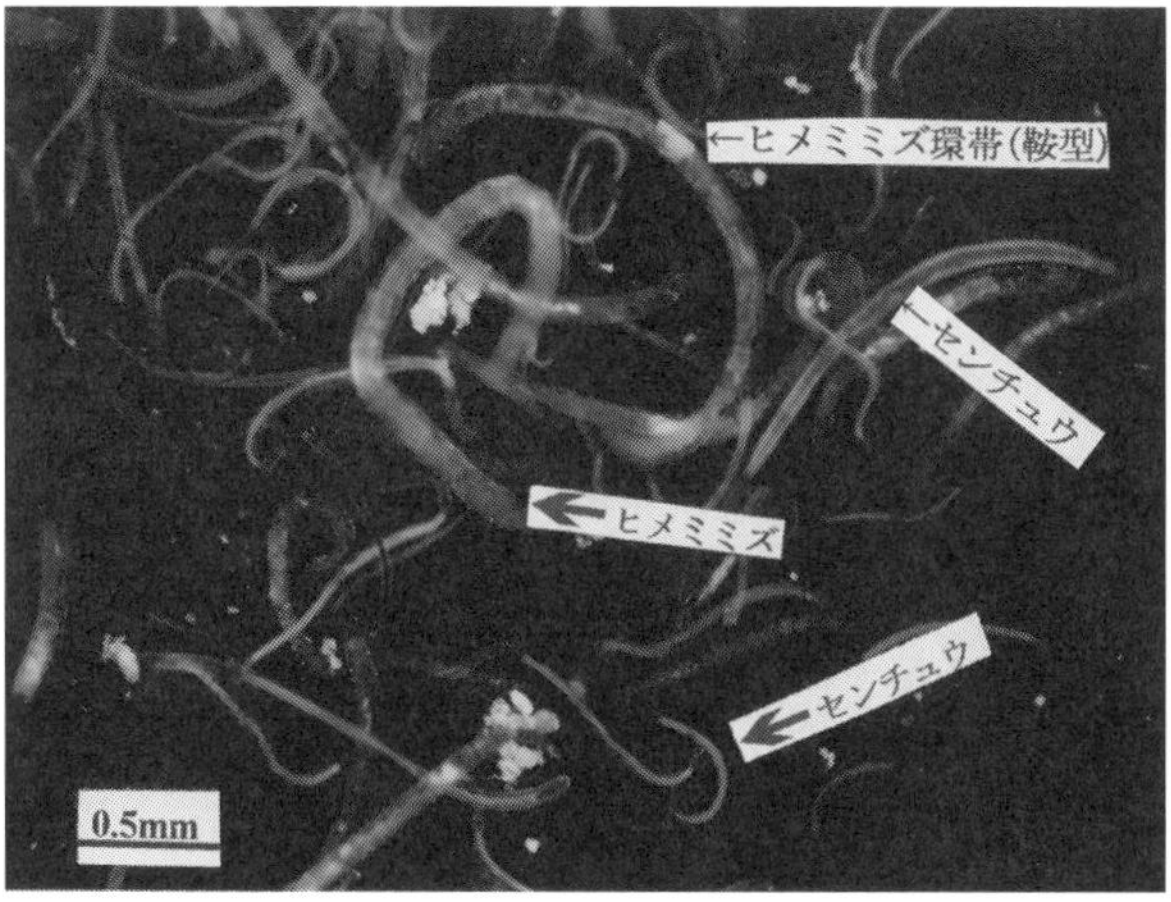

（体節がある）

（体節がない）

型に分けることもあります。

堆肥づくりの主役シマミミズは、全体の体節に黄色状の縞模様があります。なお餌（堆肥材料など）など飼育法が異なると、体長や体色が異なり、特徴の縞模様が不鮮明になることもあります。シマミミズと間違われるアカミミズ（養殖ミミズ）とは、口（唇）の形状から見分けることができます（図45）。まれに見られるハラメノウミミズは、フトミミズ類であることから環帯の形状から区別できます。

なお多くの生ゴミ処理施設や養殖場を調査したところ、ヒトツモンミミズ、ハラメノウミミズ、シマミミズが見つかり、いまのところアカミミズは見つかっていません。

フトミミズ類は、ツリミミズ類で用いた体表の表徴に加えて、切開し内部の生殖（受精嚢）・消化器官（腸盲嚢など）などの形状や位置などから分類が行われます。ただし、受精嚢の数や位置は同じ種類でも異なることがしばしばあり、一部の種類を除いて種類分けはたいそう困難です。

土づくりに功労大といえるヒトツモンミミズは、前体部の腹側の1体節に（剛毛の前方に）多数の小さな点刻があり、容易に区別できます。体色が深緑のニオイミミズはややきつい臭いがします。

陸生小型ミミズ（ヒメミミズ類）

世界から900種ほどが発表されていますが、日本では調査がまだほとんど行われておりません（これまでに18種が文献記載）。

体長1～20㎜ほど、体色は乳白色から淡黄色です。センチュウと見間違えられることが多く、また、しばしば腐敗した作物根に付着していることから害動物とされることもあります。体が多数の節と剛毛を備えることから、センチュウと区別できます（図46）。

剛毛数はツリミミズ類と同じく8本および鞍状の環帯を備えています。しかしツリミミズ類の剛毛とは異なり、いくつかの剛毛からなる束（剛毛束）となっています。種類の見分けは、半透明の皮膚を通して観察される内部の生殖・消化器官などの形状や位置などから行われ、ほんの一部の種類を除いて同

（図47）ヒメミミズ科の剛毛の形

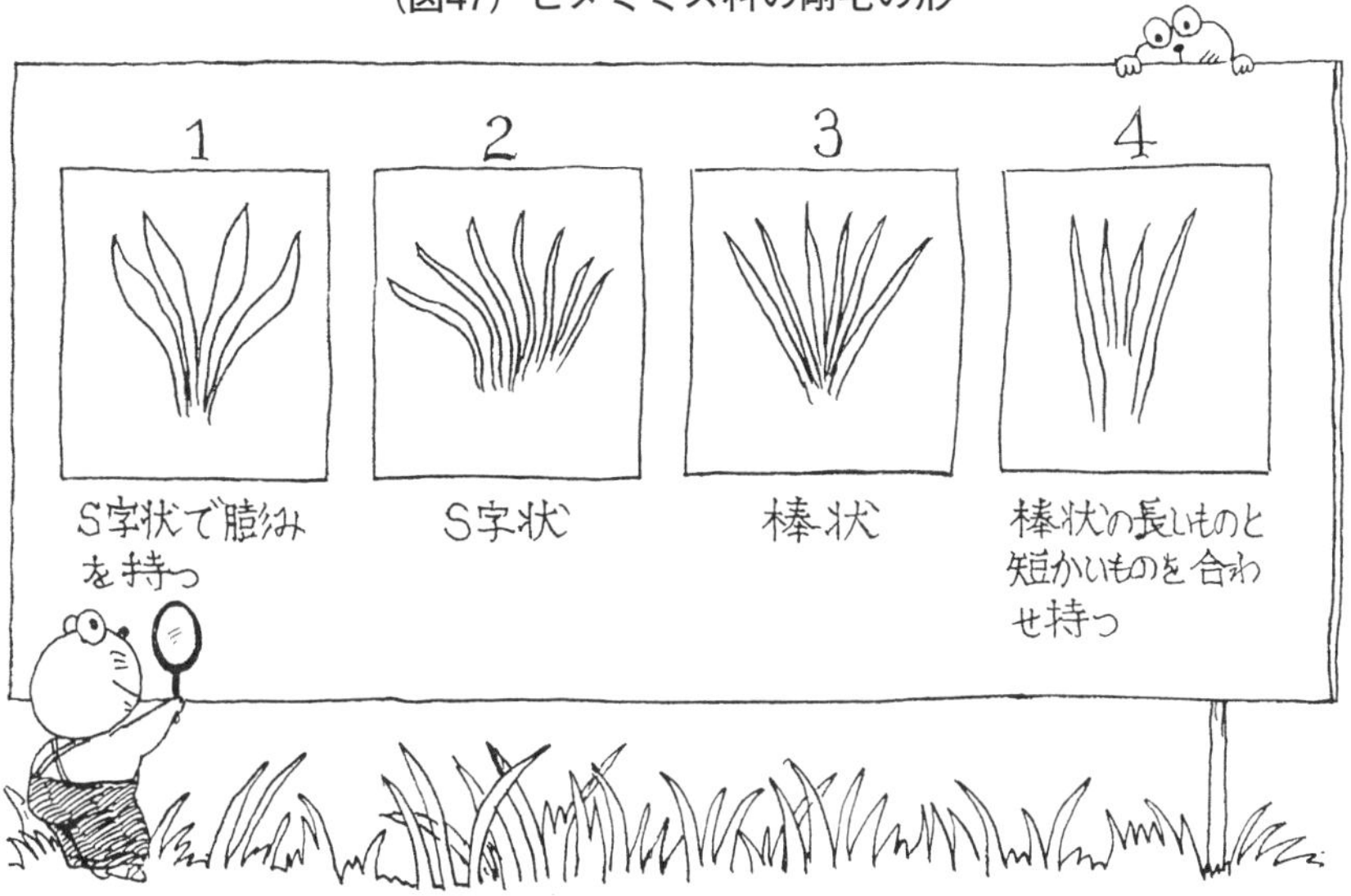

剛毛のないケナシヒメミミズ属があり、1はミユキヒメミミズ属、2はツリヒメミミズ属、3はヒメミミズ属、4はハタケヒメミミズ属の例となる

「東北農試研究資料」中村好男2000（東北農業試験場）を改変
「ミミズと土と有機農業」中村好男1998（創森社）

（図48）主な水生ミミズの区別

注意点は矢印

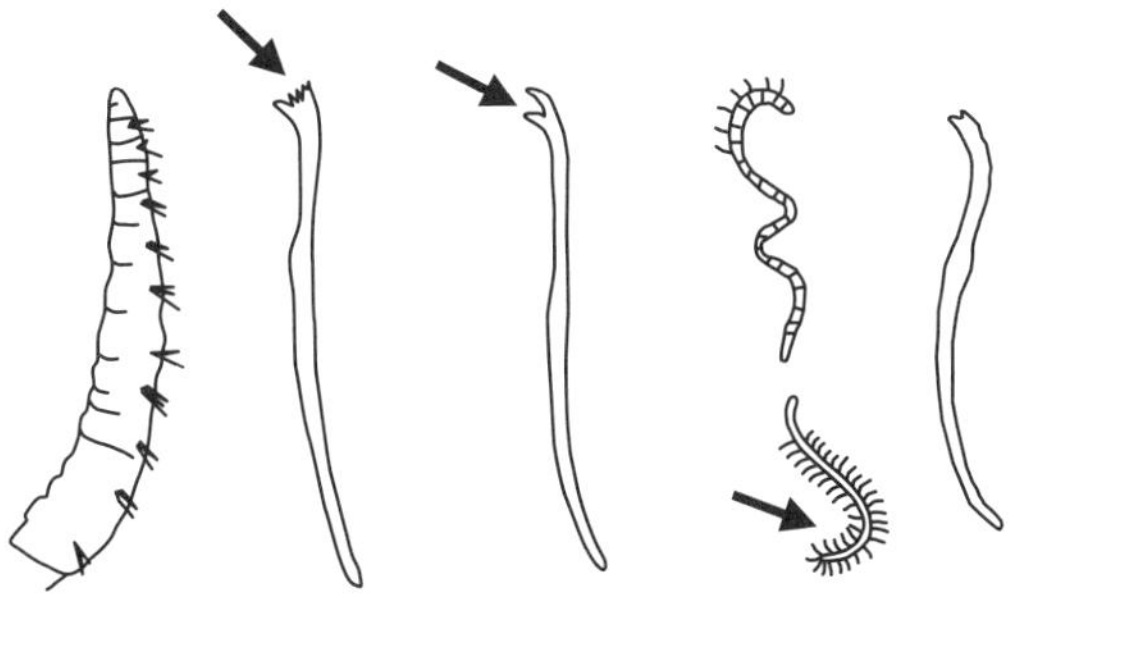

イトミミズ　　ユリミミズ　　エラミミズ

定困難です。そのため便宜的に剛毛（束）のない1型と、剛毛をもつがその形から4型に分け、合計5型に分けます。

土づくりに活躍するハタケヒメミミズ（属）の剛毛は、棒状の長いものと、そのなかにある短いもの（4型）とからなります。砕片分離するヤマトヒメミミズや生ゴミ堆肥に活躍するヒメミミズ（属）の剛毛は、ほぼ同じ長さの棒状（3型）です。剛毛がない型にケナシヒメミミズ属、1型にミユキヒメミミズ属および2型にツリヒメミミズ属が含まれます（図47）。

水生ミミズ（イトミミズ類）

溝・水田・池沼などの泥に群生したり、水生植物の茎・葉の表面を這ったり、活発に泳ぐのもいます（図48）。金魚の餌として利用されています。体色は淡紅色のものが多く、そのため下水などの底泥の表面が桃色になることもあります。

水田にはイトミミズ、ユリミミズ、エラミミズがふつう見られます。日中も体の前端を泥中に入れ、後端を水中に出して呼吸しています。

イトミミズの体長は50～100㎜、淡紅色で糸状です。腹側の剛毛束はふつう4本からなり、先端が二股になっています。背側は先端が二股様と毛状の2型の剛毛からなります。

ユリミミズの体長は70～100㎜、赤色（後部はやや黄色）で糸状です。背腹の剛毛束とも先端が二股の5～6本からなります。イトミミズと混生することが多いが、毛状の剛毛がないことと、泥を体にまとい螺旋《らせん》状の塊を作ることから区別できます。

エラミミズの体長は80㎜、淡紅で糸状です。後体部に櫛状の鰓《えら》突起があることから、イトミミズおよびユリミミズと区別できます。

第2部

農業を支える
ミミズの底力

ミミズの糞が土壌を豊かにする

自然農の畑地は
ミミズの楽園

松国ほのぼの農園・鏡山農園（福岡県）から

松国ほのぼの農園へ

ＪＲ筑肥線の「筑肥前原駅」から、タクシーで西へ15分ほど走ると、のどかな農村地帯になります。田んぼのなかに緩やかな丘陵が広がり、濃密な林も見えてきます。この福岡県糸島市の二丈松国に、松尾靖子さんが代表を務める、松国ほのぼの農園、松国自然農塾があります。

靖子さんが結婚したのは、１９７５年のこと。それまでは、農業にタッチしたことはなく、どちらかというと、農業に対しては暗いイメージがあり、それは最も嫌っていた職業だったといいます。ところが結婚してからというもの、自給自足ができる農的な暮らしを基本にした生き方を、と思うようになったのです。

結婚してから2年間は、慣行農法でスタート。夏はスイカ、冬はハクサイやレタスを作り、12名で愛好会を作り、30ａの果樹園でブドウ（ブラックオリンピア）を作りました。「成功したら海外旅行に行けるかも」という夢をもって作業に励みましたが、その夢はあえなくついえてしまいました。

翌１９８０年には、ご主人が体調を崩し、農業経営から離れ、サラリーマンになりました。靖子さん自身も、ぎっくり腰に悩みながらも、慣行農業から有機農業へと変換。そのためもあって、3年間は出荷できるような野菜は、あまり育ちませんでした。しかし、継続は力です。土が少しずつ変わってきたのを感じたのです。

１９８3年に福岡有機農業研究会に入会し、自然食品店の青空市に、野菜の出荷を始めました。しかし、おこづかい程度の収入にしかなりません。それに反して、有機農業に取り組めば取り組むほど、忙しくなるばかり。将来に不安を感じ始めたとき、川

草の間から野菜がすくすくと育つ

口由一氏が提唱する自然農で栽培した稲の姿を目にしたのです。「私がやりたかったのは、これだ」と、靖子さんは直感したのでした。

　１９９０年2月、奈良で開かれた、川口氏の合宿会に参加し、以来、1年間にわたり、2カ月に1回のペースで奈良に通い、自然農を勉強しました。

92年には糸島市唐原《とうばる》で自然農塾を開塾。最初、2名からスタートした塾は、3年間に、なんと約60名にふくれ上がり、川口氏を招いての勉強会も始めるようになりました。

　94年には農園を唐原から、現在の松国に移し、靖子さんは10ａの田んぼ（自給用5ａ、学びの場5ａ）で自然農を始めます。畑は20ａからスタートし、徐々に自然農で栽培した野菜を、利用者に紹介していくようにしました。

　こうして、すべての畑を自然農に切り替えたのは97年のことでしたが、農業だけでやっていけると確信した２０００年6月のことです。それまで、サラリーマンで家計を助けていたご主人が会社勤めを辞め、自然農に取り組むようになりました。

2002年には、「有機農法でお米を作りたい」という、ご主人の希望を入れ、25aを有機農法で栽培し、17aを学びの場、4aを自給用と靖子さん専用の畑としました。自然農が本格化するにつれて、イノシシやアナグマが、毎日現れるようになり、生業で農業を営む厳しさも味わうようになりました。

結婚してから30年。慣行農業、有機農業、自然農と変遷するにつれ、靖子さんの生き方も変わってきたといいます。ご主人がサラリーマンを辞めてから、収入は減りました。しかし、生きていくことへの不安はなくなり、喜びは大きくなったそうです。大空と大地の間で、ご主人とともに働けることに、靖子さんは、喜びをかみしめることができるようになりました。

松国ほのぼの農園で栽培された作物は、口コミで広がり、現在では約40軒の利用者と、2店の自然食品店、保育所1軒、ホテル1店に、1シーズンに20～30種、多いときには70～80種の野菜を届けられるまでになりました。

利用者には、毎週、月4回コースと各週の月2回コースで届けています。1箱には根菜類や葉ものなど、季節の野菜以外に、春にはタケノコ、山菜、実りの秋には栗や果物、端境期には漬物、たくあん、奈良漬け、梅干し、シイタケなど季節感を感じてもらえる作物を加えるなど、工夫をこらしています。

「野菜を通して知り合った人たちから、学んだことも多いですね」と、靖子さんはいいます。ある消費者から、「野菜を食べつづけていたら、家族全員の顔が穏やかないい顔になりました」という話を聞いたときには、しみじみと自然農のおかげで、お互いに生かされていることを実感したそうです。

これら以外に松国ほのぼの農園では、毎年5名ほどの研修生を受け入れています。「それは、自然農を伝えていく、私の役目でもあるのです」と、靖子さんは語っています。

亡骸の層が積み重なり、微生物や小動物が増えていく

松国ほのぼの農園は、靖子さんの自宅から5～6分ほど歩いたところにあります。併設して松国自然

草を分けるとフトミミズが飛び出してくる

農塾があり、ここは貸し農園になり、約55家族ほどが、年間を通して自然農でのお米づくりと、野菜づくりを学んでいます。

研修生の山崎雅弘さんに案内され、家の横を通り抜け、田んぼが広がる畦道を歩いていきます。途中に自然農でお米を栽培している田んぼがあります。

「16年くらい耕していない田んぼもあるんですよ。すでに苗を植えてあるのですが、わかりますか」

と、山崎さんが田んぼを見ながら説明してくれます。しかし、草のなかに紛れて、どれが苗でどれが草なのはわからないほどです。山崎さんの説明によると、田んぼのなかで枯れているのは冬草だといいます。

「冬草を倒して、そこに苗を植えていくというやり方で、草は刈りません。植える苗の間隔は30㎝ほどでしょうか。やがて枯れた草が朽ちていき、自然農でいうところの亡骸の層になり、それが積み重なって朽ちていく過程で、よい土になっていくわけです。山の腐葉土のような仕組みと考え方ですね」

亡骸の層が積み重なるにしたがって、微生物やミミミズ、トビムシなどの小動物が増えていきます。それらがいることで、土は豊かになっていきます。

「ミミズは畑に、相当数います。ミミズがいるところは土が軟らかく、ほろほろしてよい感じになります。匂いも山の腐葉土のようで、豊かさを感じますね」と、山崎さんは強調します。


自然農では、基本的に畑を耕すことはありません。しかし、自然農だからといって、手を貸さないというわけではありません。草は繁茂してきたら刈るし、竹が侵食してきたら切ることもします。

「ですから、僕がよくいわれるのは、自然農は自然の営みのままの農業ではなく、自然に《添う》という考え方だということです」


基本的に耕さない農法ですが、肥料や農薬は用いません。雑草を刈るか否かは、作物の種類や状態を見て判断します。例えばズッキーニなどは、周囲に草が生えても、ズッキーニのほうが大きいので草は刈りません。一方、シソなどは草に負けそうになるので、刈ったほうがよいという判断をします。

「自然のままではなく、栽培をしているという意識は必要ですね。作物を作っていく過程で、草に負けそうだったら、周囲の草を適宜刈る必要はあるのです。刈った草はその場に敷いておきます。それが亡骸の層になっていくわけですね」

草の下から飛び出すミミズ

丘陵の上にある松国ほのぼの農園まで歩くと、野菜の畝が幾筋もならび、夏野菜が実り始めていました。キュウリやレタス、トマト、パプリカなど、いくつもの種類を栽培しているので、年間を通して150から200種くらいの野菜を栽培しています。

「本当にミミズは、どこにでもいますよ」といいながら、山崎さんが、野菜の根元に敷いてある、枯れかけた草をどかすと、フトミミズという太いミミズが勢いよく跳ね出してきます。手のひらの上に載せると、跳ね回ります。手で触ると臭いがするので、ニオイミミズともいわれ、草と土との境に生息しています。刺激を与えると、驚くのか慌てて這い出してくる性質があります。ミミズには歯がないので、食べた草をすりつぶすために、土を一緒に食べて腸

ミミズが作り上げた団粒構造の土

のなかで揉んで細かくします。土と一緒に排泄された糞が、作物にとてもよい肥料になるのです。

枯葉の栄養が１００とすると、その70％は糞として体内から排出されるといわれます。つまり、ミミズの腸は、消化吸収能率が非常に悪いのです。しかし、この糞が団粒構造となり、畑の土を豊かにしてくれているのです。ミミズが飛び出してきた土を見ると、見事に団粒構造になっていました。

「畝には刈った草を敷いておくのですが、草を敷いておいてしばらくすると土に戻っていくというのは、不思議だと思います。敷いても敷いても、土に戻っていく。それは、バクテリアが分解したり、小動物が食べてくれるからでしょうね」

山崎さんの話によると、自然農で育てた野菜は、慣行農法で育てたそれと比べると小ぶりですが、逞しさがあるといいます。

「カブなど途中で折れても、再生する力が強いですね。味について有機農法で作った野菜は、味が濃くなるといわれていますが、自然農の野菜は香りが高く味が濃く、爽やかで清らかな味だという人もいます」

同行した編著者の中村好男さんは、

「整然と2列に並ぶ作物を収穫するのにほどよい幅1・5ｍほどの畝、その周囲を作業道（30㎝）が走る。刈り草の下には多数のミミズが見える。むやみに畝に入り、そのミミズを踏まないよう作業道が配置された農園。その配慮に土の生きものを大事にする気持ちが、心地よく伝わってきます」

と、印象を述べます。

松国ほのぼの農園を見て歩き、そこから家庭菜園の松国自然農塾まで足を延ばしました。時期は6月です。どの畑にも、緑があふれています。時折、農園の上を風がわたっていき、伸びはじめたカブやネギの苗が、ほのかに揺れていました。

一貴山の鏡山農園へ

松国ほのぼの農園から、車で15分ほど走った一貴《いき》山《さん》地区に、鏡山農園があります。冬には雪が降ることもある、小高い山の中腹です。

農園を営んでいるのは、鏡山英二さん、悦子さん。松尾さんと同じ時期に、川口由一氏の講演を聴いて感銘を受け、松尾さんたちとともに、自然農を学ぶ会を作りました。それから20年の間、自然農で自家用の野菜や米を栽培し、学びの場で自然農を学びつつ作物を作りたいという参加者に、手ほどきをしてきました。

「20年間、自然農で作物を育ててきて、今では田畑に立つのが嬉しいし、田畑へ行けばいまだに発見があるのです」と、鏡山さんはいいます。

現在、鏡山さんは野菜とお米、麦を自家用に育てています。棚田なので、水が冷たいため、お米の収量は反当たり5俵くらいだそうです。しかし、味は買ったお米とは比べものにならないほどおいしいと強調します。

お米は香り米と古代米、赤米、黒米、それに種籾と食事用のお米が4種類と、全部で12～13種類を作っています。野菜は栽培期間が短いので、一つの収穫が終わったら、次つぎと作っていくために種類は多くなります。夏は十数種類の野菜、秋は命の長い野菜を作っています。

見た目ではわかりにくいが草を倒した田に苗が植えられている

同じナスでも5〜6種、トマトだけでも6〜7種ほど。オクラも3種、タマネギも極早生やアカタマネギを含めたら5種類、葉ものは15〜16種です。「このように数えたら、年間50種くらいはいくかもしれません。ナスでもいろいろ土地に合った種類の作物を見つけたり、品種がたくさんあるので、半分は楽しみで作っているのです。とにかく、自然農で作った野菜の味は、絶品ですね。娘たちもスーパーで買った野菜と、全然違うといっています。お米の味も違います。爽やかというか、味が深いのです」

十数年経て柔らかくなった畑

鏡山農園は自給のための農園なので、夫婦二人で作っていますが、それとは別に学びの場があります。学びの場では、鏡山さんたちを含めて10名が自然農で栽培しています。すべてが自給の場です。

自然農では、雑草は抜くことはせず、刈ったらその場に置いておきます。5月ころに伸びた草を倒し、そこに苗を植えていきます。自然農といっても、それなりに手をかける必要があります。野菜のなかでも葉ものは子供と同じで、種を播いて放ったらかしにしておいたら死んでしまいます。幼少期は間引きをしたり、こまめに手助けをしたりしなければなりません。

一方、ナスなどはある程度、生長してしまえば木質化するので、手をかける必要はなくなります。ナスは、湿り気のある土地のほうが向いているので、乾燥しないように草を刈っては、足元に敷いていきます。

耕さず雑草を刈って十数年も過ぎた畑と、そうでない畑はすぐにわかると、鏡山さんはいいます。

「私たちが購入した田畑は砂地で、最初は鋸鎌でガリガリと削り、苗を1本ずつ植えるという状態でした。しかし、今ではフカフカした重なりが増えて、指先でも穴が開けられるくらいになりました」

そう鏡山さんは説明します。

自然の営みを理解して行う自然農

結局、腐植の重なりが、フカフカした土の状態を作り出すのです。そこにはミミズもいるし、それだけではなく、たくさんの小動物がいます。その亡骸も重なるし、それを食べる微生物も発生します。

雑草によっては、根の層ができてしまうところもあります。そのような場所には、種を播かないで、例えば別のところで育てた苗を、そういう場所に移植します。また、根がびっしりと生えているところには、種が播きづらいので、豆や大きな種のものを植えるような工夫をします。

では、常にそうしなければならないのかというと、植生が常に変わっていくので、あまり気にする必要はありません。例えばヨモギとかセイタカアワダチソウなどの根が太い植物がある場所では、播き筋の部分だけVの字に切って、耕すことはないので、適当に揃えて種を播くようにしているそうです。

チガヤ（イネ科の多年草）は命の強い草なので、専業農家の方は「チガヤだけは抜いておけ」といいます。しかし、同じように扱えば、チガヤのように命が強い草は、強いだけに畑を豊かにしてくれます。

草に囲まれている野菜の畝。小動物も多い

「ですから、決して厄介で憎たらしい草ではないのです。その後に、ヒヨコグサとかホトケノザなど、豊かになった土に生えてくる草が生えてきます」

自然農はできるだけ手を加えない、というのが原則ですが、ただ自然の営みを理解したうえで、人の手を入れる必要があります。

「花咲爺さんのように種を播くだけで収穫できたら、本当にいいと思いますね」

自然の小動物に守られる作物

自然農は、自然の仕組みに寄り添った栽培法です。畑は畝の草を刈ったままで根が残っているので、しばらくするとまた草が生えてきます。その畝に、例えばナスが植えてあるとすると、小動物の生息場所を残しておくために片側だけ刈ります。10日ほどすると刈り取った隙間から、また草が出てきます。

刈り取らなかった片側は、草が繁茂するので、その部分を刈り取るようにします。

鏡山さんは、こう説明します。

「必ず小動物の生息場所を残すようにするのです。畝全体を刈り取る必要があるときは、一筋の畝は刈りますが、その隣の畝は刈らないようにします。全部、刈り取ってしまうと、小動物は作物に集中するようになります」

基本的にお米とヒエがあったら、お米は硬いために、虫はヒエのほうを食べるといいます。虫が汁を吸うにはヒエのほうが、柔らかくて吸いやすいからです。したがって、ヒエを根絶やしにすると、虫はお米にたかってしまう。そのために農薬が必要になるわけです。

田んぼだったら、あえてヒエを残し、刈るときも1列置きに刈って、2週間ほどしたら残した1列を刈るようにしているといいます。

もちろん、ウンカもいます。

「最近は温暖化のせいか、カメムシが増えてきたように思います。カメムシは香り米とか、緑米とか、香ばしいお米の汁を吸いにきます。しかし、稲が侵されることはあまりありません」

自然農の場合は、草を敵としないので、ウンカを食べるクモなどの小動物もいます。ここには紫色のカンタロウミミズというのもいます。正式にはシーボルトミミズというのですが、フトミミズという大きなミミズや、水田の中にいるミミズもいます。鎌で草を刈っていると、ミミズを切ってしまうこともあるほどたくさんいるそうです。

ここでも同行の中村好男さんは、

「枯れ草の中に1本植えの苗が向こうに続く。『秋にきてください』と声をかけられたが、枯れかかった雑草が繁茂し、これが水田か、と思わずにおられない光景でした。しかし足下にミミズが、そして団粒がある。それは秋の豊かな稔りの約束を実感させるものでした」

と、印象を打ち明けます。

ミミズはもちろん、いろいろな虫が自然の営みのまま、生きているなかに稲(お米)もあるのです。

取材・酒井茂之

ミミズがトラクターの代行運転

百草農園（埼玉県）本橋征輝

堆肥がミミズを発生させた

私の農園は、西武ライオンズ球場の北３㎞の埼玉県所沢市にあります。農園の面積は２・４haで、球場面積の約半分です。

「この農園は、何人でやっているのですか」

農園の広大さを感じた来訪者の質問です。

「いや、妻と二人ですよ。農業はもうからないから人手は頼まないのです」

キョロキョロ辺りを見回して、

「あれ、機械もありませんね」

農園にはトラクターがありません。化学肥料・除草剤・土壌消毒剤・機械類もほとんど使いません。２・４haの畑に１００種に届く四季折々の野菜・果物・草花の類を栽培しています。

「信じられない」

農園を訪れた人、皆の感想です。

農園経営には、来訪者からは見えない秘密がありました。その秘密とは土に内蔵された〝ミミズのトラクター〟です。私の農業の歴史を振り返ると、初代・二代目そして１９９６年（平成８年）は、三代目のトラクターが活躍していることになります。

まず、初代のトラクターから回顧してみましょう。35年前、父から受け継いだ農地は〝黒ぼく・洪積火山灰土壌〟と呼ばれる痩せた土地でした。痩せた土地は生産力が低い。若い農夫は模索します、土を生産力の高い肥えた土に、どうしたら変えられるのだろうかを……。参考書には「堆肥をたくさん施用すること」とありました。しかし、堆肥を入れても土は肥沃になりません。農夫はいらだちます。

そんなとき、土壌肥料学の松本悟楼博士から「肥沃な土はミミズが棲む土だ。堆肥もミミズが棲めるくらいの量を入れる必要がある」。そんな助言をいただいたのです。当時、熱心な農家が10a（1反）に、1500kg（400貫目）の堆肥を入れていました。ミミズを土に棲まわせるには、その10倍、10a、1万5000kg（4000貫目）の堆肥が必要です。遠大な目標を目指すことにしました。

具体的方法は、都市から出る産業廃棄物を堆肥化する「おがくず堆肥づくり」でした。1960年代から都市近郊の農村の所沢には、都市化の波が押し寄せ、住宅建設が盛んになりました。そこには、おがくず・カンナくずという産業廃棄物が生まれました。また、都市住民にタンパク質を供給するため、酪農・養豚・養鶏などの大型畜産農家が誕生し、そこから家畜の糞尿が畜産廃棄物として多量に排出されます。

私は自分の畑に、それらの廃棄物の捨て場を作り、業者に捨ててもらうことを考えました。呼びかけると、渡りに船とばかりに大型のダンプカーが、おがくずを運んでくることもありました。もちろん、自分自身も畜産農家や大工・木工所を回って廃棄物を集めました。廃棄物の量は、無限です。夢に描いた1反、4000貫目（1万5000kg）の堆肥の施用が実現しました。おがくず堆肥は土に埋め込まず、表層マルチング（置き肥）の形にしました。

この方法がミミズの習性に合っていました。いつの間にか天文学的な数のミミズが、畑に棲みだしたのです。

作物の育ちに差が出てくる

ミミズがなぜトラクターなのか、その説明をしてみましょう。ミミズは地表から10㎝のところに生活しています。地表にある有機物（堆肥）を土中に引き込んで、土と一緒に食べます。必要な養分を吸収した後、糞を地表面に出します。米粒くらいの糞が表土に混じると、土はサラサラになります。餌を食べては糞を地表に出す、この上下運動が農業で最も大切な《耕す》という作業になります（農業を耕作という。耕す作業をミミズにやらせて私たち夫婦は、作るだけをやればよい）。ミミズがガソリンで動く、トラクターの代行をしてくれるのです。

ぼかし肥でもミミズや小動物がお目見え。無農薬のおいしい野菜づくりの支え役となる

おがくず堆肥を完成させ、畑に置き肥にするとミミズや微生物、小動物が棲みだす

２年の歳月をかけておから堆肥を完成。ミミズの糞が混じった土づくりが可能に

ミミズの生活圏地表10㎝には、腐植と呼ばれる肥沃な土の層ができます。この層は作物の最も大切な、根が伸びるところでもあります。そこに張る根が、土のエキスを存分に吸い上げます。私の本橋農園と、周辺農家の作物を比べると、小学校の運動会にオリンピックの選手が出場したくらい、育ちに差が出ます。腐植層には、多くの微生物が棲みつきます。それを食べる昆虫、小動物（クモ、トカゲ、蛇、蛙など小さな生物がいっぱい）、さらに上からはそれらを食べる野鳥もやってきます。食物連鎖、食って食われての生きた環境、生きた土になったのです。土壌消毒剤・農薬・化学肥料・除草剤で土の中の生物を皆殺しにする死の近代農業とは、まったく違うのです。

この農業が20年続いたでしょうか。世の中が変化してきました。畜産不況・木工不況が続き、あれほどたくさんあった廃棄物が、所沢では手に入らなくなってしまいました。初代ミミズのトラクターは、リタイヤしました。

二代目ミミズのトラクターは、豆腐滓のおからから生まれたものです。これも東京では、捨て場に困る産業廃棄物でした。業者に頼むと東京からおから船（2ｔダンプ）が、1週間に3回、農場に来るようになりました。次つぎと白いおからの山ができました。おからというと、一見きれいなイメージが湧きます。しかし、産業廃棄物の名に恥じないすごさは、ダンプカー10台、20台のおからが、畑に集まって初めて気がつきます。

ダンプカーから降ろしたおからは、ほかほかと湯気がたち、食べたいような臭いもします。よい匂いは3日間。1週間すると、すえた臭いに変わります。それが過ぎると、ベチャベチャのヘドロのようになります。1カ月も放置すると糊状になり、とても手がつけられません。耐えられない臭いも一帯をおおいます。

「これは駄目だ」と、一度は断りましたが、成分を調べるとタンパク質と繊維。肥料としては最高です。なんとかできないかと、試行錯誤、失敗を繰り返すうち、畑に運ばれたおからの取り扱いの容易な3日の間に、生のまま畑に入れることを思いつきました。畑を3等分にしておからの捨て場を計画的に変えていきます。一つの畑は生のおからを敷き詰めて作物を作りません。2年の月日をかけておからを腐らせ、その後に作物を作るのです。

ミミズのおかげで豊かな実り

おからの分解には、2種類のミミズが関与しています。畑に捨てて1年目には細いミミズが無数に発生します。この時期は、まだ作物はできません。2年目になると細いミミズは姿を消して太い大きなミミズが棲みだします。これは前記のおがくず堆肥と同じで、ミミズの糞が混じった真っ黒な土ができます。この土に育つ作物は、壮大です。あまりにも大きくできるので、

「恐竜の食べる野菜だ」と、洒落たこともありました。おからから出る悪臭を防ぐために、薄く上に土をかけるよう施用に工夫もしました。

再び時代が変わってきました。農園の周りに家が立て込んできたのです。おからが腐るときの悪臭が、周りの人たちに迷惑をかけます。苦情が舞い込

みます。所沢市役所公害パトロールカーが、畑にやってきます。「お父さん、もう止めたほうがいい」という妻の助言に従いました。12年稼働してきた二代目のトラクターもリタイヤしました。

三代目のトラクターですが、当初200万円のガソリンで動くトラクターの購入を考えました。しかし、私はミミズのトラクターに愛着があり、ストレートにそこに行けませんでした。しばし、模索しました。悪臭のない堆肥づくりが要求されているのです。難しい。ところが、難しくない堆肥づくりがありました。土壌菌を使ったぼかし肥づくりです（ぼかし肥とは肥料濃度が濃く成分バランスのよい肥料です）。

米ぬか・骨粉・油かす・鶏糞・卵殻、これらを水で練り土壌菌を添加して密封します。2週間すると醤油の臭いのする素晴らしいぼかし肥ができます。今年はスイカとカボチャを重点に、このぼかし肥を使ってみました。苗から1mくらい離れたところに溝を切り、ぼかし肥を埋め込みます。しばらくすると、そこに蛇と間違うほど大きなミミズが棲みだしました。

話が前後しますが、スイカとカボチャはとても神経質な野菜で、うっかり肥料をやり過ぎるとツルばかりほきて（伸びて）実がなりません。ところが、ぼかし肥をやると、そこに棲むミミズ・土壌菌・微生物・小動物が手を組んで、スイカやカボチャに吸いたい肥料を吸いたいだけやる施肥のコントロールをしてくれます。ほっぺたの落ちるような、おいしいスイカやカボチャの大豊作は、彼らが貢献してくれたからこそできたのです。

待望の雨で、秋野菜のダイコン、ハクサイ、キャベツ、ブロッコリーなどの種播き、植えつけが始まりました。初代・二代目のトラクターが蓄えた、豊穣な腐植の貯金の土に、三代目のトラクターが静かに稼働しています。農園主は、豊かな秋の実りもミミズのはたらきに託します。土のもつ潜在的エネルギーを引き出すには、やはり〝ミミズのトラクター〟は欠かせません。

（本文は季刊「文」第四五号・公文教育研究会に掲載したものを、まとめ直して収録しています）

ミミズが寄与するブドウ園の団粒構造

かながわ土づくり研究会　諏訪部　明

農薬散布栽培からの脱出

私がブドウ園を営んでいる神奈川県の愛川町一帯は、今でこそ家々が建ちならぶ住宅街になりました。しかし、かつては桑畑と麦畑が広がる農村地帯でした。私の実家は、４００年前から続く農家で、私が戦争へ行く前は、家畜商と農業を兼ねた仕事をしていました。この付近から、山梨県の県境付近まで点在する農家に養豚を依頼し、大きくなった豚を肉にして販売する仕事と、農業に従事していたのです。

ブドウ栽培を始めたのは、戦後、間もなくのことです。したがって、もう60年になります。それまでは畑をやり、米・麦を作っていましたが、小麦などは所得が低いので、この付近にあった30軒くらいの農家が、みんなでブドウに切り替えたのです。

現在、ブドウを作っているのは、私一人になりましたが、４０００㎡と２０００㎡の農園があります。

栽培しているブドウはブラックオリンピア、ピオーレなどの巨峰系の品種です。毎年、雨除けのビニールハウスの下で栽培しています。巨峰系などの品種は、農薬をたくさん使わないと、よいものは作ることができません。

しかし、農薬を散布しませんので、雨除け用のビニールの屋根が必要になってくるのです。巨峰系が主力ですが、ほかにも丈夫なので雨除けを必要としないハニージュースという品種も作っています。

10年ほど前から、キウイフルーツも作るようになりました。顧客の7割は固定客で直売をしています。ブドウを作っていると、収穫や販売時期が一斉にきてしまいます。収穫や販売を分散させる理由から、キウイも栽培するようになったのです。

私が〈かながわ土づくり研究会〉を立ち上げたのが、28年くらい前です。多いときで70名くらいの会員がいましたが、今は40名くらいでしょうか。

35年前に、周辺の農家が共同で出荷する供給センターを作りました。現在のように直売が盛んになる前で、直売システムを導入したのは、一番早かったのではないかと思います。その仲間が相当、研究会に入っていましたから、多いときで70名くらい会員がいました。

栽培法を、有機栽培に切り替え始めた時期に、研究会を立ち上げたのですが、やはり農薬を減らしたいということがきっかけになっています。研究会では岩田進午先生（著書に『土のはたらき』など多数）に顧問になっていただき、時々、足を運んでいただき、長い間、教えていただきました。

農薬を減らして作物を作るには、土をよくしなければならない、ということなのです。ですから、あえて〈有機農業〉という言葉を使いませんでした。でも当初、大部分は有機農業でも、農薬を極端に減らして取り組む農家が多かったように思います。農薬の量は、一般の農家で使う5分の1くらいでしょうか。でも、市場出荷者は、作物の見た目の善し悪しに左右されますから、完全な有機栽培に切り替えられなかったのです。

農薬を減らすには、とにかく土をよくしなければなりません。この付近は火山灰土です。特にリン酸の基肥係数が非常に高いので、リン酸の効果が低いということから、始めたばかりのときは、かなりゼオライトを入れました。

それから、土壌微生物の勉強をしました。もちろん、有機物を投入しなければならないのですが、その過程で炭や木酢液《もくさくえき》にも注目して散布するようにもなりました。木酢液をまくようになったら、ミミズがものすごく増えてきたのです。その光景を見たとき、ミミズのおかげで土が変わるなと実感したのでした。

当初、有機物は藁をたくさん入れて使っていました。農園の全部に敷き詰めたりし、それから以降は、大きく生長した草を刈りとり、むしろ草を選んで刈らずに伸ばすというやり方をしてきました。刈りとった草は、その場に放置して枯らします。それが分解するにつれて、微生物が増えてきたのです。

土が変わって小動物が増えてきた

ご存じのとおり、木酢液は木炭を焼いたときに出る煙を、冷やすことにより抽出される液体です。木酢液は、害虫を防除したり、動物を回避したり、土壌改良に効果があることがわかっていました。この液を散布しようと思ったのは、農薬の代わりに病害虫の防除ができるというからです。木酢液を使おうと思い立ったのは、30年ほど前のことです。実際、木酢液だけでは、害虫をそう防除できるものではありませんでしたが、キトサンなどの薬の倍率を低くしたものを混ぜて散布しました。

最初、木酢液は業者から購入しましたが、その後、この近くの山に炭を焼く業者さんがいたので、そこへ出かけていきました。木酢液の採り方は、炭博士として有名な岸本定吉先生（監修に『炭・木酢液の利用事典』など）に来ていただき、指導していただきました。それで採取の仕方を勉強してからは、自分で採取するようにしました。つい3年くらい前までは、この付近にも炭焼きさんがいましたから、そこへ出かけて行って装置をつけ、タンクを設置して採るようにしたのです。

ブドウは、雨除けのビニールでおおってあります。したがって、灌水しなければなりません。そのときにタンクの中に木酢液を入れて散布をします。初めの頃は、連続して毎回、水を散布するときに木酢液を混ぜてまいたものですが、今は畑がすっかり変わり、ミミズをはじめとする微生物が、本当に増えてきたので、木酢液を使わなくともよくなってきました。

土壌改良に取り組んだおかげで、ミミズや土壌生物が増えてきたため、ブドウに発生する病気や害虫が、次第に少なくなってきました。つまり、木そのものが丈夫になってきたのです。ブドウの幹に穿孔して内部で生長するスカシバ（透かし羽）や、ブドウトラカミキリムシが、主なブドウの害虫です。かつては、こういった虫がついたのですが、まったくいなくなりました。

害虫で今、問題になっているのが、スリップスです。チャノキイロアザミウマやミナミキイロアザミウマなどです。ハウスで栽培すると、1㎜くらいの

土壌改良したおかげでミミズや小動物が増え、ブドウに発生する病気や害虫が少なくなった

スリップスやハダニが問題になってきます。ところが、私の農園には小動物が増えたおかげで、そういった害虫を食べる天敵も出てきたのです。ですから、5～6年前からだいぶ少なくなってきました。害虫を食べてくれる天敵が増えるまでは、苦労しましたが、自然の仕組みができ、それを活用できるまでは我慢しなければならないのです。なんらかの害虫が発生すると、それを殺す。病気が出たら病気を薬で退治する。そのような立場で取り組むのではなく、何を生かすかを考えながら実践しなければならないと思います。

自然のサイクルが、うまく循環していくようになるには時間がかかるものです。私も自然に教わりながら、試行錯誤しながら取り組んできました。例えば、草が生えてきたら、なんでも刈ればいいというものでもない。カラスノエンドウとかホトケノザなどは、冬に芽を出します。すると、そういう草には虫が生息していますから、それを刈るのをなるべく控える。カラスノエンドウなどは、なるべく増やすために、邪魔でも我慢するわけです。伸びてくると

足にまとわりついて、歩きづらくなります。しかし、そこにテントウムシなどがいるので、そういった草は生かしておきます。ほかにもいろいろ生かしておく草はありますが、春先に伸びてくる草は、なるべく刈らないようにしています。

本物の有機農産物は10年かかる

ブドウ園にはフトミミズが多いのですが、木酢液を散布すると、散布した場所には100匹くらい固まって発生します。有機物をまけば、まいた場所にはミミズが発生します。剪定した枝をチップにして農園にまくのですが、そうやって放置しておくとミミズがいっぱい増えます。1年も過ぎれば、まったく剪定枝がなくなるほど食べてくれます。

大体、3年に一度くらい庭木を剪定した枝のチップを、1反あたり2~3ｔ入れます。そうやって有機物を補っているのですが、チップを入れた当初は、大変ミミズが増えます。ミミズが増えるばかりではなく、土が団粒構造になって肥えます。黒くてよい土になるには何年もかかります。

そういう健康な土で栽培した作物は、そうでない畑で作った作物と比較すると、特有な味がするといわれます。

ブドウを作っている仲間たちが、ブドウを持ち寄って検討会をするグループがあります。私には有機栽培をすすめる仲間が多いのですが、本当に実行している人は、私を含めて2~3名でしょう。

10年くらい前のことでしょうか、検討会にブドウを持ち寄り、糖度なども測り、試食もしました。糖度と色では、私のブドウが低かったのですが、食べてみたら皆さんがいいました。

「これが、一番うまいのじゃないか」と……。

言葉では、なかなか言い表せない味が出るのです。私の家に来た人も「味が特別ですね」といってくれます。

このような味が出るブドウができるには、土づくりを始めて5年やそこらではできません。「有機農産物は、3年かかる」といいますが、あくまでも商品として販売できるようなもので、本物の有機農産物というのは、土づくりをして10年は経たないと作

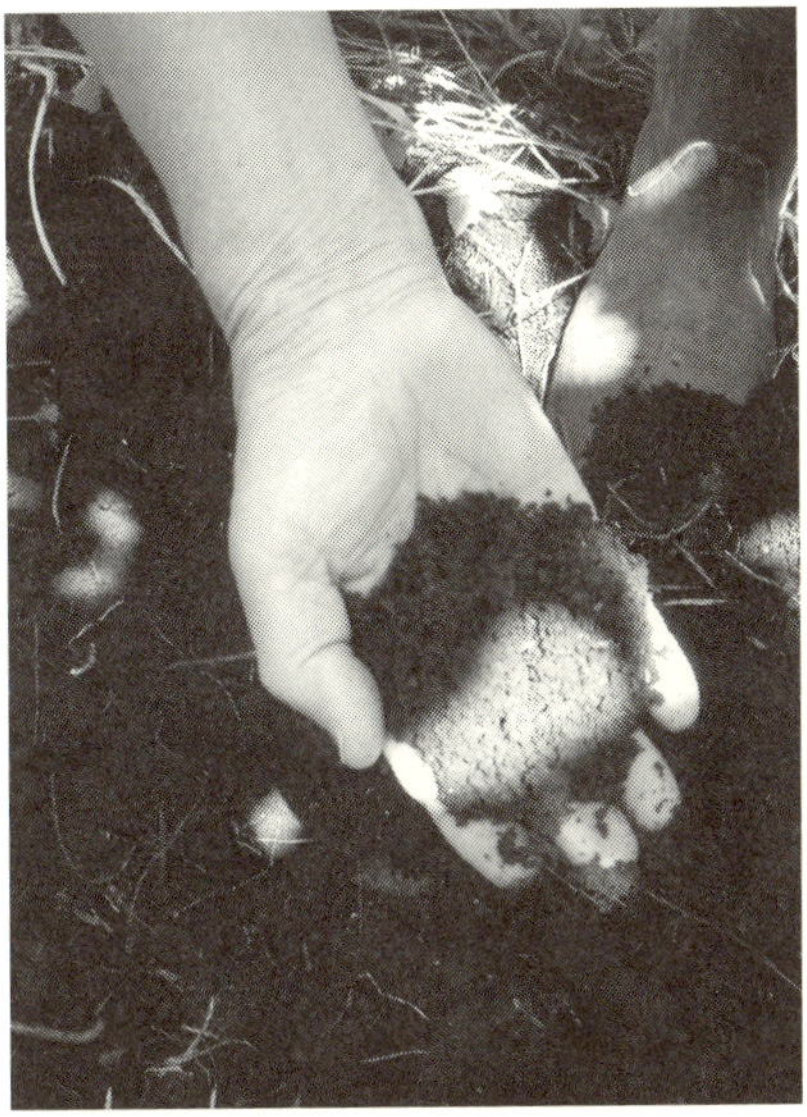

ミミズにより団粒化した果樹園の土

果樹園や仲間の野菜畑の表土を払うと、フトミミズが何匹も登場

れるものではない、と私は思います。ミミズがたくさん湧いて、いろいろな草も生えて、そういう環境のなかで作らないと、本物の味は出てこないのです。

私の場合は、37歳で農協の専務になり、年金などもありましたから経済的には、やってくることができましたが、専業農家では経済的に、自然のシステムがうまく循環するようになるまで我慢できないのが実状でしょう。とにかく時間がかかるし、いつまでも勉強で、これでいいということはない。だから完成するということは、あり得ないのです。

現在、地元で〈安全な食を考える会〉という会の会長をしています。家庭菜園をしている会員が50名ほどいて、家庭菜園での作物の作り方の面倒を見ているのです。全部、有機栽培です。また、放射能の問題が新聞で報道されれば、それを資料にして検討会などもしています。自分たちが口にする安全な食とは何かを、これからも真剣に考えていかなければならないと思っています。

田んぼの雑草を少なくするイトミミズ

新潟県農業総合研究所　古川勇一郎

除草剤を使わずに稲を育てようとすると、田んぼの除草作業には大変な労力が必要になります。そのような田んぼでは、農家はさまざまな工夫を凝らしながら雑草対策を行っていますが、その一つにイトミミズのはたらきを利用して雑草の発生を少なくする、という試みがあります。

ここでは、田んぼにはどのようなイトミミズが棲んでいて、どのようなはたらきをしているのか、イトミミズのはたらきをどのように利用すれば効果的な雑草対策が可能になるのか考えてみましょう。

田んぼに棲むミミズ

田んぼに棲んでいるミミズは陸生のミミズに比べて小型のものが多く、体長は長いものでも10㎝、直径も1㎜程度です。分類学的には環形動物門・貧毛綱・イトミミズ科に属し、総称として「イトミミズ」と呼ばれています。

国内の田んぼには5種類程度のイトミミズが生息しており、東北地方の田んぼではユリミミズとエラミミズという種類のイトミミズが優占しているといわれています（栗原、１９８３）。イトミミズの体色は淡紅色から濃紅色のものがほとんどで、春先の代かきや田植えの時期になると田んぼの表面でユラユラと活発に揺れ動いているのを観察することができます（写真1）。

ミミズというと緩慢な動きを連想しますが、水を張った田んぼではイトミミズは意外にも軽快な動きを見せてくれます。危険を察知したような場合には瞬時に泥の中に身を隠すこともできます。一方、田んぼに水がないときや泥の内部では、陸生のミミズと同じように伸び縮みしながらゆっくりと移動します。

また、イトミミズは乾燥に弱いため、田んぼに水

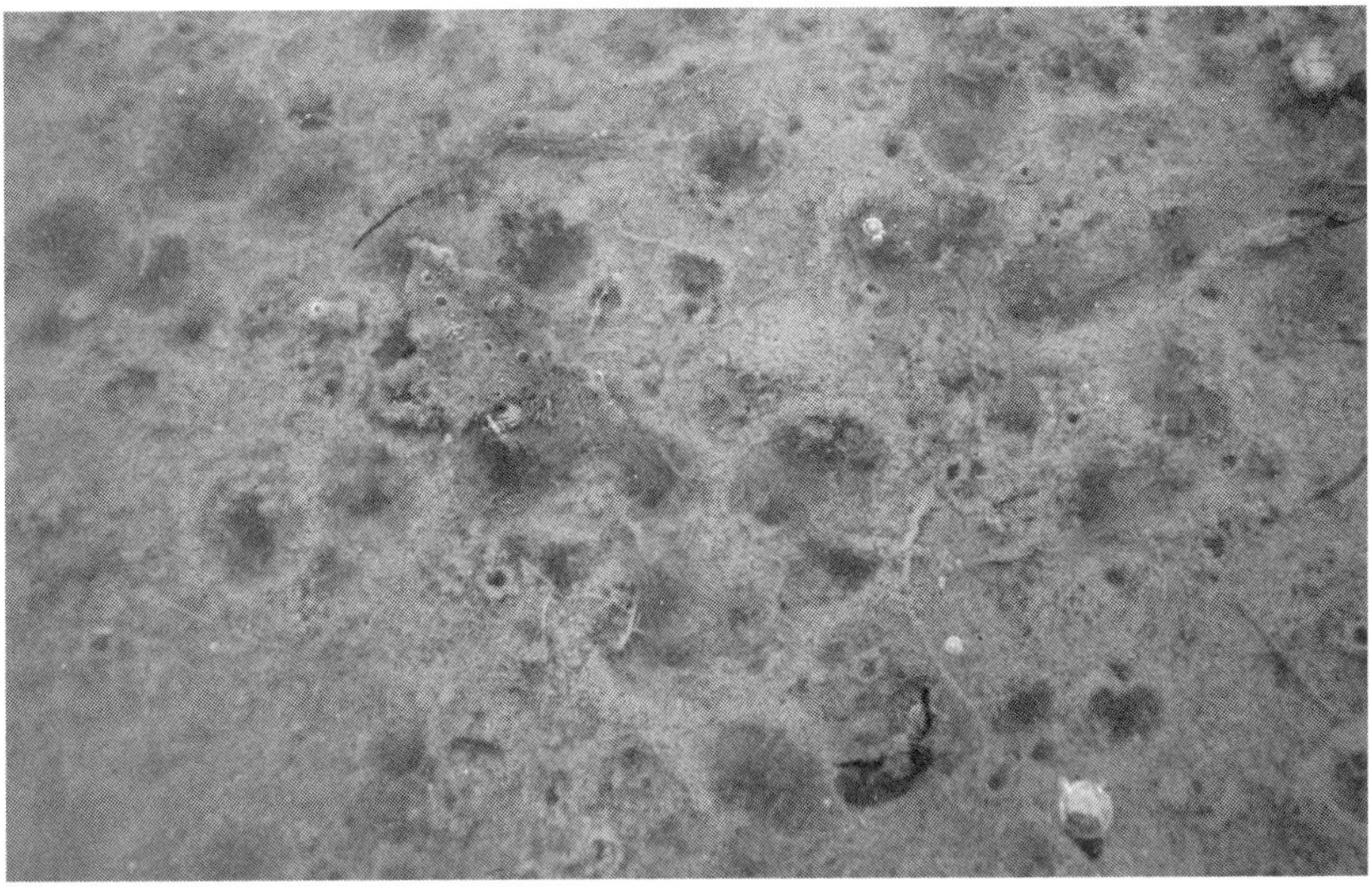

写真１．田んぼによってイトミミズの数や種類は異なりますが、田んぼの表面をのぞき込むと小さなすり鉢状の穴の中で活発に活動するイトミミズを観察することができます（５月下旬の田植えごろに撮影）。

がない時期や厳寒期には田んぼの深いところに潜り込んで最低限の湿度と温度を確保し、じっとしていることが多いようです。

イトミミズの習性

田んぼの表面で観察できるイトミミズは、頭部を泥の中に突っ込み、尾部を水中に突き出すような姿勢をとっています（写真2、3）。つまり逆立ち状態ということです。

頭部を泥の中に突っ込んでいるのは、泥の中にある微生物や有機物などの餌を泥と一緒に飲み込むためであり、尾部を水中に突き出しているのは水に溶けている酸素を取り込むためです。イトミミズも呼吸をするために酸素を必要としますが、田んぼの泥の中では酸素不足の場合が多いために田面水に溶けている酸素が必要になる、というわけです。このように田んぼのイトミミズが独特の姿勢を保ちながら生活することによって、田んぼの物質循環に大きな特徴が現れます。

イトミミズは細かい粘土や有機物を飲み込んでそ

こから必要な栄養分を消化吸収し、消化できなかった粘土や有機物の残りかすを田面水中に排出するため、田んぼの表面にはイトミミズの糞がどんどん溜まっていきます（栗原、1983）。その堆積速度はイトミミズの生息密度や環境条件によっても異なりますが、1日に1㎜以上堆積することも、まれではありません（伊藤他、2006）。

写真2．中央の2固体はエラミミズと思われます。よく見ると体の両側に無数の細かいエラが波打っています。その他のミミズはユリミミズと思われます。

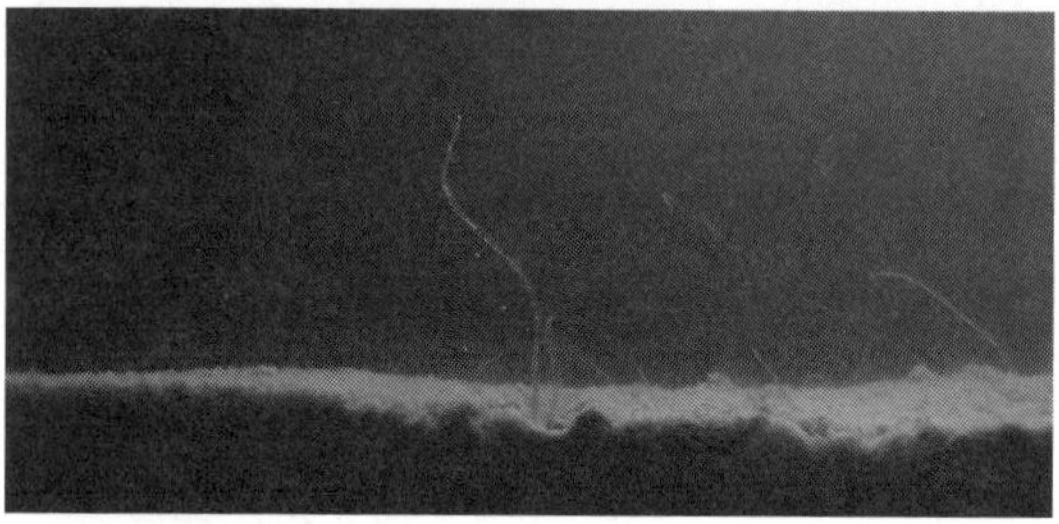

写真3．中央のユリミミズと思われる個体がまさに排糞している瞬間です。よく見ると、このミミズの体内にも、これから排出されるであろう糞が残っています。

イトミミズのはたらきと雑草抑制の仕組み

イトミミズの直径はせいぜい1㎜しかないため、泥の中ではコンマ数㎜の細かいものだけを選んで飲み込んでいきます。当然、排出される糞の大きさもそれに準ずるため、田んぼの表面には粒径の細かい粘土や有機物のみが層状に堆積していくことになります（栗原、1983）。逆に田んぼの中ではイトミミズが飲み込めなかった大きな有機物や砂などが取り残されて層状に集積します。このようにイトミミズのはたらきによって田んぼの土壌は次第に層分化します（写真4）。

本稿では前者を「ミミズ糞堆積層」、後者を「残《ざん》渣《さ》集積層」と呼ぶことにしますが、この層分化の現象で重要なことは、ほとんどの雑草種子はイトミミズの口よりも大きいためにミミズ糞堆積層には含まれず、稲藁や砂とともに残渣集積層に埋没させられる、という点です。

雑草の種類によっても異なりますが、田んぼに1㎝以上埋没させられた雑草種子はかなり発芽しにく

写真4．イトミミズが豊富な田んぼでは、稲刈り後に地面を掘ってみると土壌が層分離している様子を観察できます。この写真では田んぼの表面から０－５㎝までミミズ糞堆積層が、その下の４－９㎝まで稲藁や砂などの残渣集積層が形成されています。

くなることが知られており、小さい雑草種子ほど埋没の影響を受けやすいと考えられます。また、日光を浴びることが発芽条件の一つになっているような雑草種子では、埋没による発芽抑制効果はさらに大きくなるといえるでしょう。

一方、球根の一種である塊茎（ジャガイモもその仲間）で繁殖する雑草は、塊茎に蓄えられた養分を使って地中深くからでも発芽できる特性を備えているため、埋没による発芽抑制効果はほとんど期待できません。

どうすれば田んぼのイトミミズが増えるか

イトミミズのはたらきを最大限活用するためには、第一に、その田んぼに十分量のイトミミズが生息していることが必要です。では、どうすれば田んぼのイトミミズが増えるのでしょうか。

イトミミズを増やすためには生息に適した環境と十分なエサの供給、イトミミズを捕食する生物が少ないことが重要なはずです。既知の調査結果や観察事例を紐解くと、有機質肥料を使っている田んぼではイトミミズが増えた、逆に化学肥料を使っている田んぼではイトミミズが減ったという報告や、ある種の農薬の使用がイトミミズを減らすという報告があります。また土壌に水分が多いほどイトミミズが増えることや、田んぼの表面に大きなひび割れができるような強い中干しを行った田んぼではイトミミズが非常に少なかったことが観察されています。

このような状況を統合してみると、イトミミズにとって好適な環境とは有機農業的な栽培方法を基本として年間を通して湿潤な状態に保たれている田んぼ、といえそうです。

一方、イトミミズが増えればそれを餌とする生きものも増えることが予想されます。イシビルがイトミミズの捕食者であることが確認されているほか、ヤゴがイトミミズを捉える様子もよく観察されていますが、ほかにも捕食者はたくさんいるはずですし、いったいどれだけのイトミミズが捕食されているのかなど、まだまだわかっていないことがたくさんあります。

筆者の経験では、イトミミズが一匹もいない田んぼを見たことはありませんので、条件さえ整えることができれば、どんな田んぼでもイトミミズが増える可能性はあると考えています。逆に条件の整っていない田んぼに他所からイトミミズをもってきて投入しても、それだけではイトミミズが定着する可能性は低いのではないかと思われます。

抑草効果を発揮させるための温度環境

次に、イトミミズによる抑草の仕組みを実際の田んぼで活用するためには、どのような条件が必要か考えてみましょう。

具体的には、ミミズ糞堆積層の形成に必要な環境条件や、イトミミズの生息密度と抑草効果の関係などについてです。これらの点については既知情報が限られているため、イトミミズの培養実験を行い、その解明を試みました(古川 他、2010)。

まず、土壌タイプや有機栽培継続年数、有機物施用履歴などを異にする14の田んぼから土壌を採取し、イトミミズを取り除きました。その後、それぞれ未ふるい生土のまま内径2・5㎝の平底のガラス

図1．試験管を用いたイトミミズの培養実験

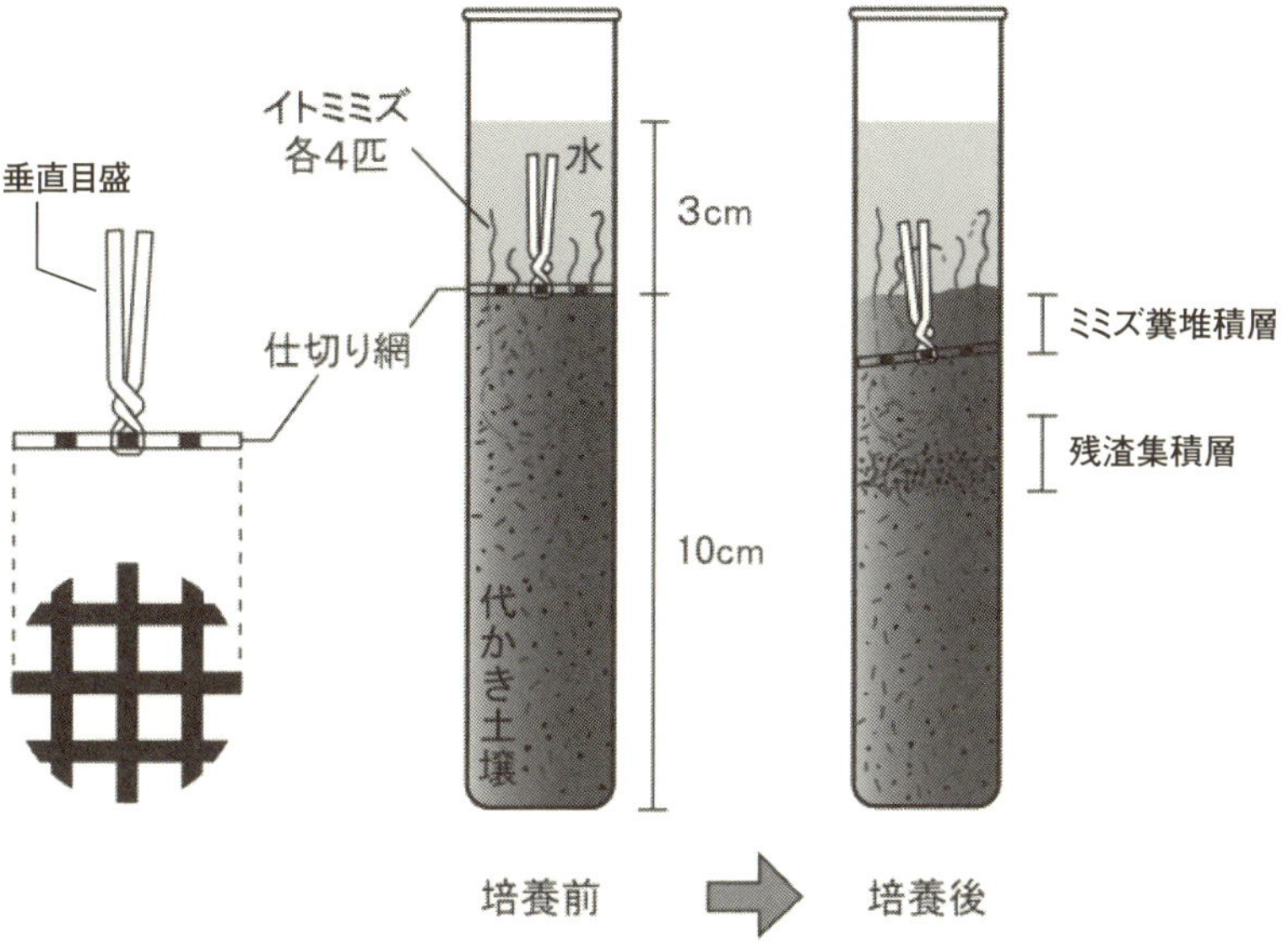

イトミミズを除去した田んぼの土壌を試験管（内径約2.5㎝）に充塡して代かき状態にしました。ここにイトミミズの糞の堆積量を計測するための仕切り網を置いた後、大きさを揃えたユリミミズ４個体を添加しました（左図/培養前）。計測時以外は横から土壌に光が当たることがないように土壌部分はアルミフォイルでおおいました。これを人工気象器内で培養すると仕切り網の上にミミズ糞堆積層が形成されるので、その厚みを計測しました（右図／培養後）。

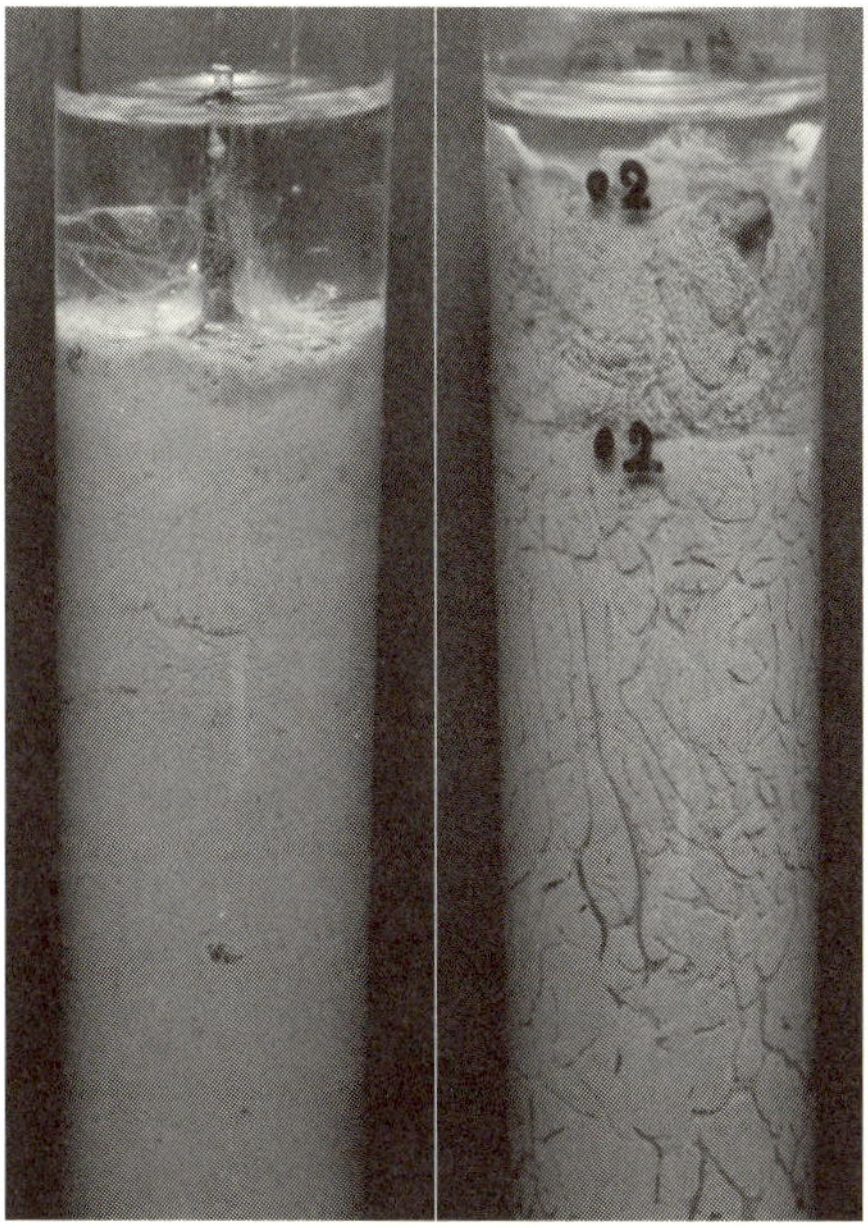

写真5．図１の試験管の培養約３週間後の様子です。右はミミズ糞が仕切り網の上に堆積して垂直目盛りがすべて埋没しています。層分離は明らかですが残渣集積層は明瞭ではありません。この土壌に稲藁や砂が少なかったためかもしれません。左はイトミミズを添加せずに培養した対照区で、ミミズ糞堆積層は形成されていないことがわかります。仕切り網とその垂直目盛りが土壌表面にそのまま残っています。

図２．地温がミミズ糞堆積速度に及ぼす影響

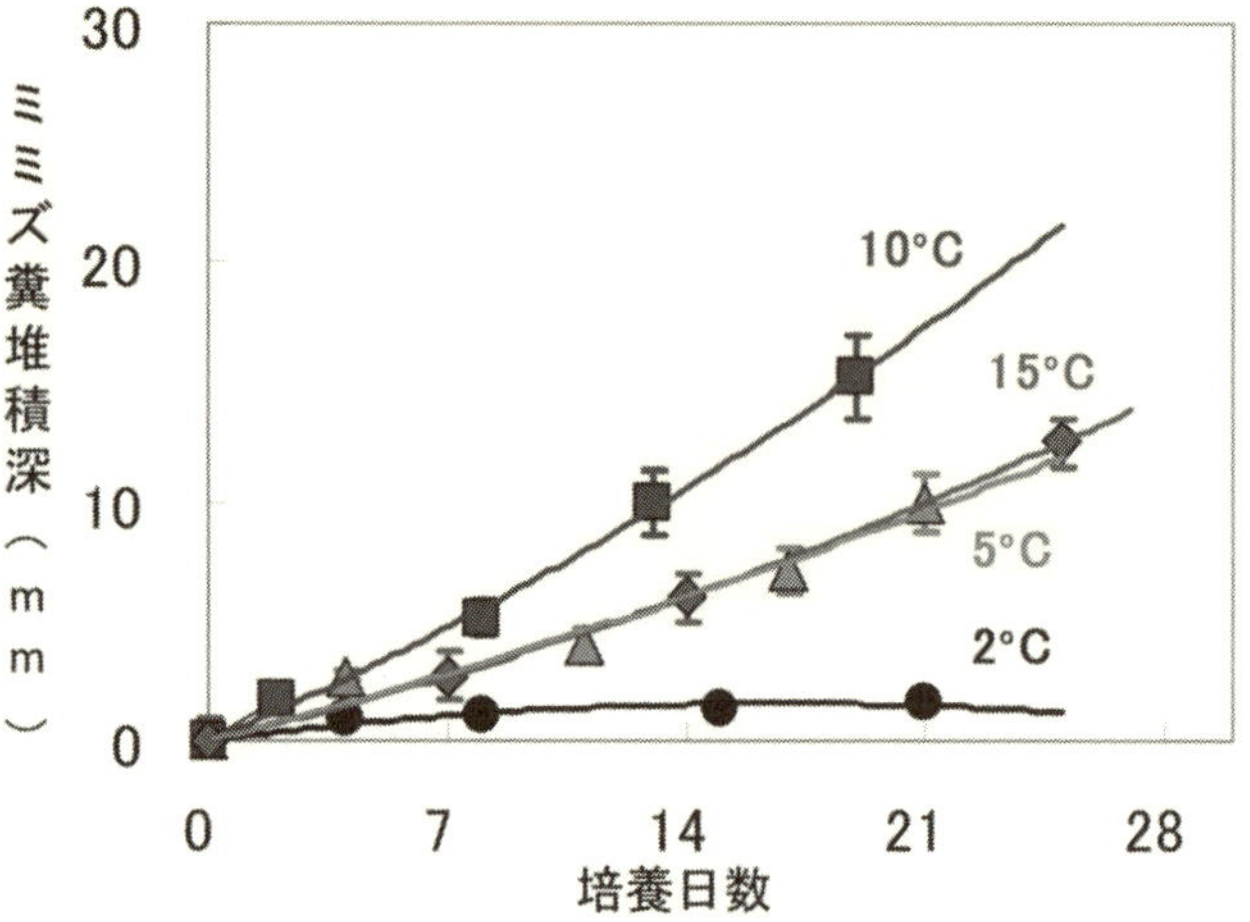

図１の試験管を２、５、10、15℃の人工気象器（明期14時間）で約３週間培養したところ、５℃以上の地温があれば培養日数に応じてミミズ糞堆積層が厚みを増しました。一方、２℃ではほとんど堆積しませんでした（14種類の土壌の平均値）。

製試験管に約10㎝の深さになるように充填し、水を加えてよく攪拌して代かき状態としました。イトミミズが混入していないことを再度確認した後、それぞれの試験管に別途採取した生重《なまじゅう》（生体の重さ）5～15㎎のユリミミズを4個体ずつ加えました。

田面におけるイトミミズ糞の堆積量を計測するため土壌表面に垂直目盛りをつけた仕切り網を置き、2、5、10、15℃の人工気象器（照明点灯期の明期《めいき》14時間）で約3週間湛水培養しました（図1、写真5）。その結果、地温が5℃以上あれば3週間で厚さ10～20㎜のミミズ糞堆積層が形成されることがわかりました（図2）。

一方、2℃ではイトミミズの活動は非常に緩慢で、イトミミズ糞堆積層はほとんど形成されませんでした（イトミミズが死滅することはなく、加温すればすぐに元気になる）。また15℃では、雑草種子がイトミミズ糞堆積層の下に埋没する前に発芽する場合がありました。

これらの結果から、イトミミズの活動が活発になる5℃以上、水田雑草の発芽が始まる15℃以下の温

図3．酸化還元電位（Eh）がミミズ糞堆積速度に及ぼす影響

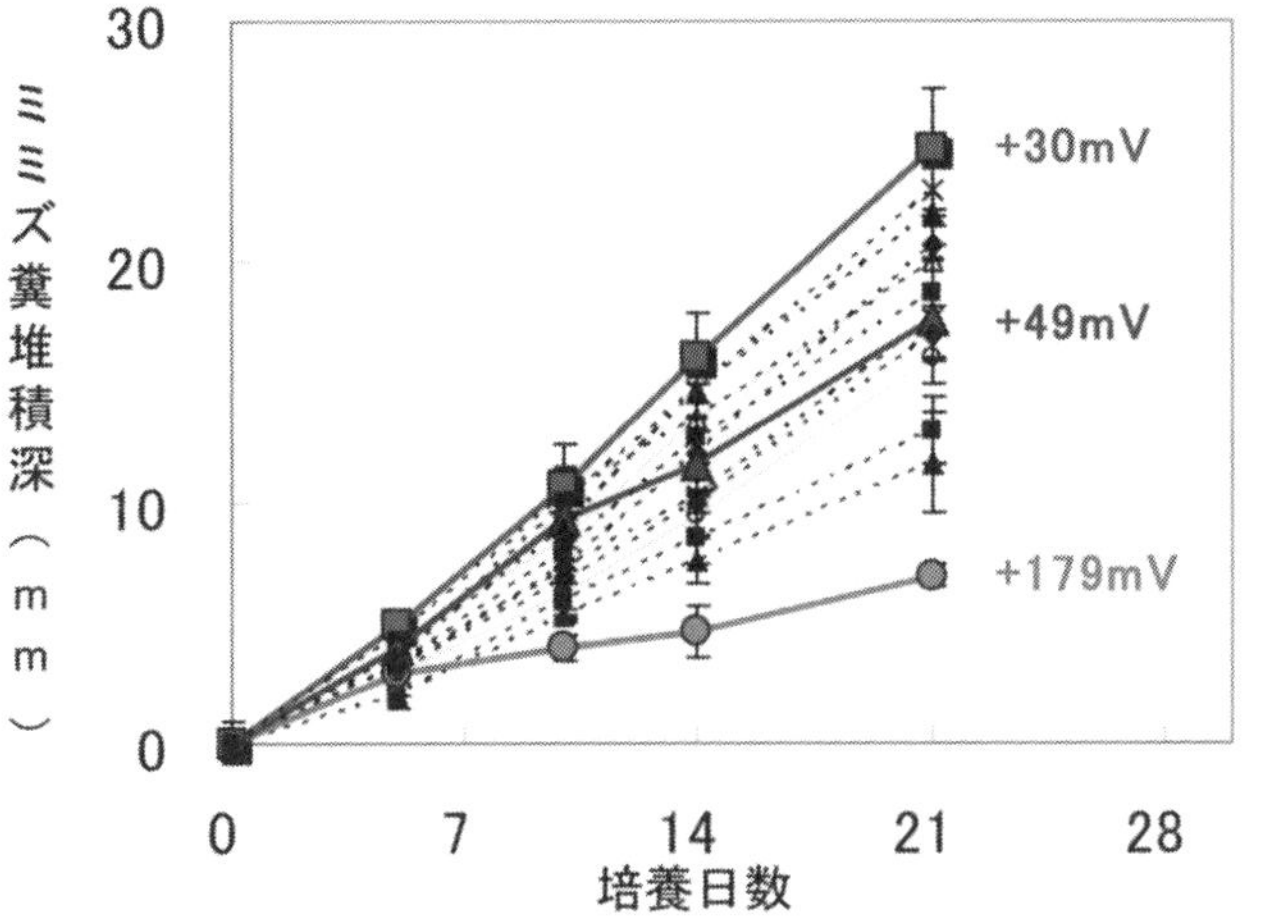

同一培養条件で14種類の土壌を比較したところ、ミミズ糞堆積速度に差がありました。その原因を探るため、同じ土壌なのですが酸化還元電位（Eh）を変化させた土壌を用意して同様に培養しました。その結果、酸化還元電位の低い還元的な土壌（＋30mV）では堆積速度が速く、逆に酸化還元電位の高い酸化的な土壌（＋179mV）では堆積速度の遅いことがわかりました。

度条件の下でミミズ糞堆積層が形成されれば、抑草効果が期待できると考えられます。

抑草効果を左右する土壌環境

さらに14種類の土壌を比較すると、例えば10℃で形成されたミミズ糞堆積層の平均値は3週間で20㎜弱でしたが、個別に見ると5～25㎜と大きな幅がありました（図3）。そこで、このミミズ糞堆積速度の違いの原因を探るため、それぞれの土壌の種類、粒径、酸度－pH（酸性かアルカリ性か）、酸化還元電位－Eh（酸化的か還元的か）、栽培様式（有機か慣行か）、有機物施用履歴とミミズ糞堆積速度の関連性を調べました。

その結果、ミミズ糞堆積速度に直接影響を及ぼしているのは酸化還元電位であり、意外にも土壌の種類や有機物施用履歴や影響は間接的なものであることがわかりました（図3）。

つまりこの実験条件の下では、酸化的な環境（溶存酸素が豊富で土壌が赤みを帯びている）ではミミズ糞堆積層が形成されにくく、還元的な環境（溶存

酸素が欠乏し土壌が灰緑色）であれば、いずれの土壌でもミミズ糞堆積層の形成されやすいことが示されたのです。

ところで、ミミズ糞堆積層を形成させるうえで還元的な環境が重要である理由は、イトミミズの呼吸方法と関係があると考えています。土壌中に溶存酸素が十分にあるような酸化的な環境では、イトミミズは土壌中で呼吸することができるため尾部を田面水中に突き出す必要性はありません。また、排糞も土壌中で行うため、土壌表面に糞が堆積しなくなるのではないかと考えられます。

一方、還元的で溶存酸素の不足した土壌環境では、土壌中の呼吸が困難となるため、田面水の溶存酸素を求めて尾部を田面水中に突き出すことが必要になるのだと考えられます。そしてこのイトミミズが尾部を田面水中に突き出すことが、ミミズ糞堆積層の形成に不可欠な条件なのでしょう。

最後にイトミミズの種類（エラミミズとユリミミズ）と生息密度が堆積速度に及ぼす影響を確認したところ、エラミミズ1個体当たりの堆積速度はユリミミズの1～3倍でした。ただし、エラミミズの生重はユリミミズの5倍程度あるため、同じ生重であればユリミミズのほうが堆積速度は速いといえるかもしれません。また当然ですが、単位面積当たりの生息数が多いほど堆積速度は速くなることも確認できました。

実際の田んぼで抑草効果を発揮させるために必要なこと

ここまでの結果を集約すると、イトミミズの生息密度が高い条件下（例えば1個体／㎠以上）で、地温が5℃に達するころから湛水還元環境を維持できれば、水田雑草の発芽が始まる15℃前後に達するまでにミミズ糞堆積層が形成され、雑草種子が埋没し、抑草効果が発揮される、ということになります。

それではこの条件を実際の田んぼの栽培体系に合わせて考えてみましょう。例えば、イトミミズの生息密度が十分に高く均一に分布していることを前提条件として、一般的な栽培体系で田んぼ作業を行った場合はどうでしょうか。一般的な栽培体系では田植えの準備のための代かき作業が4～5月に行われ、田んぼの雑草種子は土壌中に均一に攪拌されます。

一方、この時期の気温は新潟の場合で15℃を超える場合もあり、地温はさらに高いことが予想されるため、多くの水田雑草種子は即発芽可能な状態にあります。したがって、この時点でミミズ糞堆積作用がはたらいたとしても、雑草種子は土壌に埋没する前に発芽し、抑草効果の発揮されない可能性が高いということになります。もちろん雑草種子は斉一に発芽するわけではなく、遅れて発芽するものも少なくありませんので、そういった雑草種子が埋没して発芽できなくなることはあるでしょう（伊藤 他、2006）。

次に抑草効果を十分に発揮させるためには、雑草種子の発芽が始まる15℃よりも低温の時期にミミズ糞堆積層を形成させて雑草種子を埋没させておく必要があるため、代かき作業を2～3月に前倒しすることを思いつくかもしれません。この時期の気温は新潟の場合で10℃を超えることはまれであり、ほとんどの水田雑草は発芽できません。

しかし課題が一つ残ります。2～3月に代かき作業を行った場合に、土壌が速やかに還元状態になるかどうかです。もし低温のために還元環境が発達しないとすれば、イトミミズは活動可能であってもミミズ糞堆積層は形成されず、その状態のまま5月の田植え時期を迎え、埋没しなかった雑草種子は普通に発芽する可能性が高いといえます。

では2～3月の時期に土壌の還元環境を発達させるためにはどうすべきでしょうか。さまざまな方法があると思われますが、前年の秋に米糠などの還元を促進する有機物を散布し、秋から湛水状態を維持することも一つの方法でしょう。

この方法が実用上可能であれば、先に述べた諸条件をかなり満たすことができるはずです。さらに埋没した種子を土壌表面に掘り起こさないために、一切の代かきなどの春作業をせずにそのまま田植えを行ってしまうか、雑草種子が埋没したことを確認後に落水し、春耕起・代かき作業は土壌の極ごく表面を舐める程度に留めて田植えをすることができれば、少なくともコナギなどの土壌表層でしか発芽できない雑草は発芽しにくくなると考えられます。

田んぼにおけるミミズ糞堆積層の形成が水田雑草を抑制する仕組みや、実際の田んぼでイトミミズのはたらきを生かす栽培管理方法について述べてきましたが、具体的なデータや事例は限られており、まだまだ多くの課題や疑問を抱えているのが現状です。例えば田んぼのイトミミズ以外の生きものの関与や風雨積雪の影響があるのかどうか、あるいはイトミミズのはたらきが及ばない塊茎雑草をどうするかなどです。

これらの課題を一つずつ解決し、田んぼのイトミミズのはたらきを最大限に活用できる知恵と技術の集積を図ることが望まれます。

〈参考文献〉

（1）伊藤豊彰 他（2006）水鳥と共生する冬期湛水水田の多面的機能の解明と自然共生型水田農業モデルの構築。環境省環境技術開発等推進費研究開発成果報告書。
（2）栗原康（1983）イトミミズと雑草－水田生態系解析への試み（1）。化学と生物、21(4), p243-249
（3）古川勇一郎 他（2010）イトミミズによる水田雑草種子埋没作用と雑草発生抑制効果。日本土壌肥料学会講演要旨集、56, p39

第3部

ミミズは環境保全の立て役者

生ゴミを資源にするシマミミズ

ミミズを生かした生ゴミリサイクル

広島ミミズの会　加用誠男

ミミズがいる畑の作物は出来がいい

8年くらい前になるでしょうか、私の妻の母が農業を営んでいるのですが、あるとき、母が何気なく、「ミミズがたくさんいる畑は、作物がよくできる」と、いったことがあります。そのころ、私は残り1年で定年を迎えるころで、定年になったら何をしようかと考えている時期でした。

母の話を聞いた私は、ミミズとはどんな生きものなのか調べてみることにしました。その結果、ミミズは世界中に生息していること、ミミズコンポスト容器というものがあり、生ゴミを食べさせることができること、ミミズの排泄物が肥料として作物に非常によいことがわかってきました。

ホームページなどで調べ、コンポスト容器などの作り方を調べたら、面白そうなうえに簡単で、私にもできるだろうと始めたのが、簡単ミミズコンポスト容器を作るきっかけになったのです。

最初は、ミミズをどのように入手したらよいのかもわからない状態でした。母に相談すると、「野菜くずの下に、いくらでもいるよ」という返事です。農業をやっていると、出荷できないような野菜が出ます。そのような野菜くずを、堆肥にするために積んでおきます。その山の下を掘ってみたら、ミミズがたくさん出てきたのです。

しかし、そのときはフトミミズもシマミミズも区別できませんでした。とにかく、野菜堆肥の下からミミズを拾い集めて、箱を作って入れてみました。そうしたら、フトミミズがいつの間にか、全くいなくなってしまったのです。

調べてみたら、わかりました。フトミミズは土と枯れた草などを一緒に食べる生きものだから、土がないところでは生きていけないのです。生ゴミを食べてくれるミミズは、シマミミズだったのです。実際のところフトミミズは大きくて、私でも触るのが嫌なくらいですが、シマミミズはせいぜい10㎝くらいです。これなら問題ありませんし、可愛いものです。

このような動機から、ミミズコンポスト容器を始めたのですが、ミミズ関係のサイトを開いて、皆さんが投稿しているのを見ると、本からの受け売りが多くて、実験のデータがなかったのです。日本ではフトミミズの研究は、かなり進んでいたようですが、シマミミズの研究は、あまりされていなかったようです。シマミミズは日本よりも、ヨーロッパで盛んに活用されてきたようです。

ミミズの生体を調べてみたら

最初、私はミミズが卵を産む生きものである、ということさえ知りませんでした。まして、産んだ卵がどのくらいの日数で孵化するのかさえわかりません。調べても、そんなことを調べたり観察した人が、誰もいないようなのです。それで、首をひねりながら実験や観察を始めました。

その結果、わかったことがあります。ミミズの卵がレモンのような形をしていること、大きさは長さが約５㎜で幅が２㎜程度であることです。広島の４月ころの気温で、ミミズの卵は20～27日前後で孵化します。産まれてくるミミズの赤ちゃんは、長さが５㎜で太さが０・１㎜程度でした。

では、ミミズは一生に、どのくらいの数の卵を産むのでしょうか。30匹入れた箱と、それぞれ１匹ずつ入れた箱を３箱作って観察しました。すると、30匹入れた箱では、２週間で30個の卵を産みました。１匹ずつ入れた箱では、20日くらいで６～８個の卵を産んでいます。ミミズの産卵量は、気温に左右されると思います。したがって、広島の４月の気温下で、という条件つきです。

さらに産まれたミミズは、どのくらいの日数で成体になるのかもわかりません。ミミズから産まれた卵包を、大きく育つように発泡スチロールの育成箱で育てましたが、最初は１００匹のミミズから産まれた12個の卵包からは、１匹も孵化せずに全滅したり、孵化しても1匹とか3匹という状態で、大きくなるまで観察するどころではありませんでした。

そのような実験や観察を繰り返してわかったのが、次のような結果でした。

ミミズは交接後、卵包を産みますが、約3週間で孵化し、8週間ほどで成体になります。ミミズが成体になったか否かは、胴体の周りに鉢巻きのような環帯という帯ができたのが印だといわれています。

成体になったミミズが、卵包を作れるようになるのが、約10週間後です。卵包を産み始めると、それから6カ月から1年間くらい、1週間に2～3個の卵包を産みつづけます。しかも、1個の卵包から2～3匹のミミズが産まれます。私がミミズコンポスト容器に、500匹入れたのが4月でした。秋には2500匹くらいに、増えていたと思います。

〈広島ミミズの会〉の活動とは

私が〈広島ミミズの会〉を立ち上げたのは、2006年（平成18年）のことです。この会は生ゴミをミミズに処理してもらうことで、大気汚染などの公害を防ぎ、ミミズが排泄した堆肥で、安全でおいしい野菜を作り、綺麗な花を咲かせることを目的にした会です。現在、会員は全国に点在し、500名を超えています。

生ゴミの90％は水分です。4人家族で1日に出る生ゴミは、平均して570gですが、広島市では生ゴミを含む可燃ゴミを処理するのに、1kgあたり50円以上の費用がかかっています。4人家族では毎月900円以上もの費用をかけて、生ゴミを処理しています。

広島大学の中根周歩先生（広島市家庭系生ごみリサイクル研究会会長）によると、紙やビン、缶、ペットボトル、廃棄プラスチックなどの資源ゴミの95％は、リサイクルされています。しかし、家庭から出るゴミのうち燃えるゴミは65％を占め、そのうち、40％は生ゴミです。焼却ゴミは、焼却処分され、燃されて出た灰のほとんどは、埋め立てられています。広島市では、生ゴミの処分だけで、年間34億円もの費用がかかっているといわれています。

年々、埋め立て場所の確保が厳しくなっていま

生ゴミとシマミミズ。コンポスト容器の中は生ゴミの臭いがしない

す。さらに、埋め立て場所の周辺に与える、環境への負荷も大きな問題となりつつあります。焼却にともなう大気汚染も少なくないばかりか、処理費用が市の財政を圧迫しています。

このように焼却ゴミにまつわる、多くの問題があるのですが、家庭から出る生ゴミを、ミミズを使ってリサイクルしようというのが〈広島ミミズの会〉の主旨なのです。生ゴミをリサイクルすることにより、家庭から出てくる生ゴミの量を軽減できます。コストも極めて安価です。そして、生ゴミは〝ゴミ〟ではなく、生まれ変わって〝堆肥〟になります。この堆肥は、野菜や草花の生育に、極めてよい肥料であることは、よく知られています。

「臭いがせん」が最大のポイント

ミミズというと、その姿から嫌がる人は少なくないと思います。

私が最初、ミミズを飼い始めたころ、生息環境が悪いと、逃げ出すほど繊細な生きものである、ということさえ知りませんでした。ミミズコンポスト容器とはどんなものかを調べると、「箱を三つ重ねたような形がよい」とありました。ホームセンターへ行き、プラスチックの衣装を出し入れする、3段の箱を買ってきました。すると、次の日のこと、箱の蓋を開けてみたら、ミミズが逃げ出して1匹もいなくなっていたのです。箱の外に逃げ出して、箱を持ち上げてみたら、その下にかたまっていました。1回目は、大失敗です。

私は不器用なのですが、それから、木の箱などでも作ったりしましたが、環境が気に入らないと、ほんの小さな穴からでも、ミミズは這い出してしまいます。試行錯誤した結果、現在のようなコンポスト容器になったのです。

ミミズで家庭から出る生ゴミを処理しようとしたとき、生ゴミというイメージから臭いがするのではないか、と心配する人が少なくありません。昔、面白いことがありました。

〈ミミズの絆〉というホームページがあります。当時、広島ではミミズコンポスト容器をやっている方が少なかったので、「私がやっていますので、見にきてください」と、そこに投稿したのです。そのようなホームページがあることさえ、私は知らなかったのです。そうしたところ「見せてほしい」というメールが届くようになりました

私は了解しました。ただし、「ミミズコンポスト容器を作ってみようと思うのだったら、奥さん同伴で来てください。奥さんの協力がないと、ミミズコンポスト容器はできませんから」という条件をつけて返事をしました。というのも、ミミズを嫌う女性は多いからです。ミミズコンポスト容器を家でやるには、まず奥さんの了解が必要だと判断したのです。

そのとき、26組のご夫婦が見学に来ました。そのなかの一組のご夫婦の奥さんが、不満そうな顔をしています。どうも来る途中で、「どうしてミミズで、生ゴミを処理しなければいけんのか」と、夫婦喧嘩をされたのではないかと思ったのです。来られたときに挨拶もろくにしません。ご主人はミミズを見たくて、ウズウズされていますが、奥さんは知らん顔をしています。

私はミミズコンポスト容器の蓋を開けました。ご主人は、必死に目を凝らして覗き込んでいます。奥さんは私がそばにいたので、義理でも覗かなければいけないかな、と思ったようで覗いてみました。そのとき、奥さんが、「臭いがせん」と、一言つぶやいたのです。

ミミズで生ゴミを処理する最大の〝売り〟は、臭いがしないことなのです。日頃、家事をする奥さんたちは、生ゴミの臭いに困っている人が少なくありません。それなのに、ミミズで処理させると臭いがしない。26組のご夫婦の全員が、臭いがしないという感想をもらしていました。

生ゴミこそ有用資源になる

ミミズに生ゴミを処理させるということは、同時にミミズを飼育しているようなものです。しかし、ある程度増えると、それ以上は増えなくなります。そういうことになったら、もったいないので、欲しい人には分けてあげています。

現在、私のコンポスト容器には、トータルで３０００匹から４０００匹くらいはいるでしょうか。シマミミズの大きさは10㎝くらいなので、どんぶり茶碗に一杯で、２５００匹くらいになります。買うと高いのですが、私は畑から集めました。一般の方がシマミミズを手に入れようと思ったら、簡単なのは牧場に出かけて行き、牛糞の下を探せばいくらでも見つけることができます。また、釣り道具屋へ行けば、魚を釣る餌としてシマミミズが販売されています。

ミミズコンポスト容器は、一度作ってしまえば、それほど手間がかかりません。寒い地域では飼育が難しいと思われがちですが、ドイツなどは比較的寒いにもかかわらず、盛んに行われています。日本でも北海道在住の人に聞くと、家のなかに入れておけば、十分に飼うことができるというし、臭いがしないので、ドイツでは室内で飼育しています。

生ゴミは４人家族で、１日に平均して５００ｇくらい出るといわれています。コンポスト容器にそれなりの容量があれば、ゴミの量が多少多くても問題ありません。小さな容器に処理できないほど入れたら問題外ですが、自分の家から出る生ゴミが多いと思ったら大きめの箱を用意すればよいのです。

よく出るのが、「私たち家族は、よく旅行に出るのですが、1週間か10日くらい家を空けても大丈夫でしょうか」という質問です。それには「全然、問題ありません」との返事をします。頻繁に面倒を見なくとも、ミミズは元気にはたらいてくれます。それがよい点でもあるのです。

私は現在、6分割法という方法を行っています。最初、ミミズや微生物が、どのくらいの温度のときに、どのくらいの速さで生ゴミを分解してくれるのか、データを採ることにしました。コンポスト容器の表面を6分割し、端から穴を掘って生ゴミを埋めるのです。

例えば月曜日に出た生ゴミを埋めたら、その隣に火曜日、次は水曜日と順に埋めていきます。6日たったら、最初に入れた生ゴミが分解されていなければなりません。

実験としては、100円ショップで販売している、鉛筆や小物を入れる金網でできている小物入れを買ってきます。そこに生ゴミを刻んで入れて、コンポスト容器の中に埋めておきます。ミミズや微生物は、金網の隙間から入りこんで、生ゴミを処理してくれるという仕組みです。

そうして毎日、金網に入れた生ゴミが、どのくらいの速さでバクテリアやミミズが処理してくれ、何㎝くらい凹むのかを、物差しで測って調べました。だいたい、気温が16℃以上だったら、1週間で処理してくれることがわかりました。16℃というのは、広島の最高気温と最低気温の平均温度なのです。

生ゴミは、そのまま捨てればただのゴミですが、ミミズを活用して処理させれば、良質な肥料になります。つまり、資源に変わるということなのです。ですから、大いに活用したいものだと思っています。

食品廃棄物はミミズの腸を通して土に

いわてミミズ研究会　小田伸一

食品廃棄物の量

平成19年度の農林水産統計によれば、日本で排出される食品廃棄物の年間発生量は、食品製造業、食品卸売業、食品小売業、外食産業でそれぞれおよそ４９３万ｔ、74万ｔ、２６３万ｔ、３０５万ｔであり、食品産業計で１１３４万ｔが一年間に廃棄されています。

このうち再生利用されている割合は、それぞれ73%、56%、30%、15%で、食品産業計では47%という数字が発表されています。

一方、家庭から出される生活生ゴミの場合は、家庭から出される一般廃棄物のうちのおよそ３割を占めていて、年間およそ１０５０万ｔが排出されています。これらをさらにリサイクル資源としてどれほど活用できるかがこれからの課題になります。しかし、この問題はそう簡単な話でもありません。その理由は以下に述べます。

生活生ゴミのなかには、ミミズが嫌うものもありますから、生ゴミならなんでもミミズが処理できるというわけではありません。

例えば、タマネギ類や柑橘類の表皮などは要注意です。これらは他の微生物や菌類によりある程度分解されたり、ミミズが嫌う成分が雨水などに洗い流されたりしないとミミズは避けてしまいます。また、投入する生ゴミの量とコンポスト容器の容積、ミミズの量とのバランスをうまく取らないと、いかにミミズでも、生活環境が悪くなり、逃げ出してしまうことになります。

さらに気温や水分などによっても処理できるものは変わってきますので、ある程度ミミズの習性を知ってからでないと、ミミズによる生ゴミ処理は難しいと思います。生活生ゴミのリサイクルについては前述されているので、ここでは、排出量の規模が大きい産業廃棄物の利用について触れることにします。

また、産業廃棄物の場合、すでに47％が再生利用されているので、まだ再生利用されていない、あるいはこれ以上再生利用が期待できない食品工場廃棄物の利用の一つとして、ミミズの利用を紹介したいと思います。

一般に、食品系工場から排出される廃棄物のうち、なんらかの形で有効利用できるものはすでに有

（写真１）食品工場から排出される「汚泥ケーキ」

（写真２）汚泥ケーキにシマミミズを入れたところ

効利用されています。それ以外の廃棄物というと、工場の中でさまざまなものを洗い流した廃水系を活性汚泥や凝集剤（水に分散している成分を凝集して沈澱させる薬剤）により処理した後、これを脱水圧縮して「汚泥ケーキ」（写真１）と「排出水」とに分けて処理されます。食品工場から排出される日々の汚泥ケーキは、多くがその処理を有償で処理業者に依頼しているのが現状です。

ある食品工場の場合、規模にもよりますが、１日１ｔ強の汚泥ケーキと８００ｔに及ぶ水を排出して

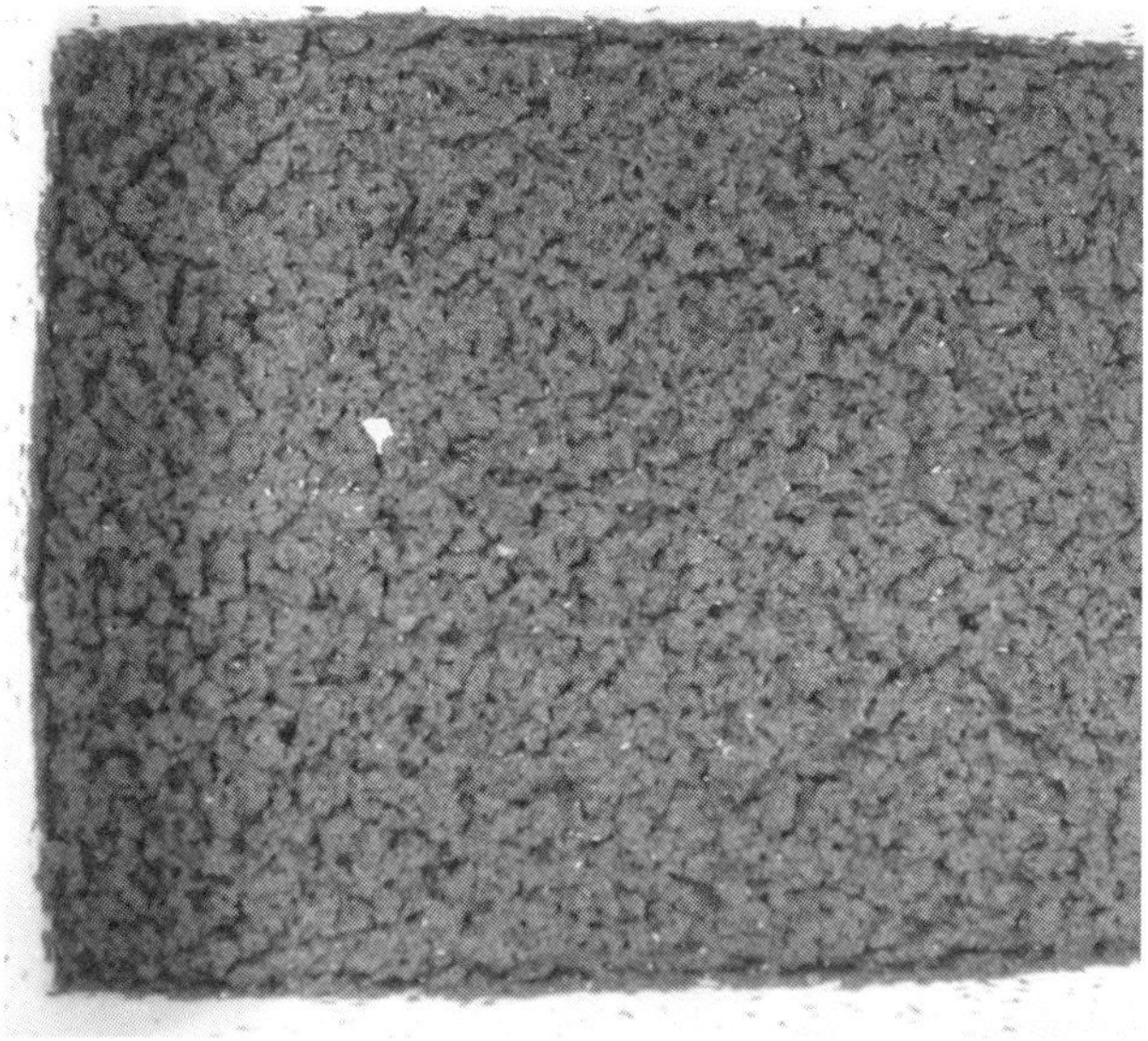

（写真３）シマミミズを入れてから１カ月後の様子。表面がミミズ糞土

（写真４）写真３を掘り起こしたところ。太ったシマミミズが見られる

います。これらの産業廃棄物処理費用はかなりの額にのぼりますが、これはどうしても必要な経費になります。また、別の会社では、年間で糠が5000t以上発生し、これらを分別して糠として販売できるものから産業廃棄物に至るまで大量に排出しています。これらをミミズの腹を通すことで、環境負荷のより少ない資源循環を提案することは、会社にとっては廃棄物処理費用が軽減できることにつながります。このことは、採算さえ合うならば、企業にとっては願ったり叶ったりでしょう。

食品工場廃棄物の有用性

食品工場から排出される廃棄物の主な成分は当然のことながら、多くは食品に由来するものです。例えば、パン工場の汚泥ケーキの成分は、サンプルによって数字はある程度振れますが、原物中の組成で水分が82・5%、粗タンパク質3・2%、粗脂肪4・0%、粗繊維0・1%、粗灰分1・6%でした(表1、写真1)。

このパン工場の汚泥をシマミミズの餌として使えるものかどうか、半信半疑で与えたところ、ミミズは嫌がるそぶりもなく、すぐさまもぐり始めました(写真2)。

そこで、20㎝四方の発泡スチロールの箱を簡易飼育箱として汚泥とシマミミズを入れ、さらに光を遮ることと温度が20℃くらいになるように段ボール箱の中に入れ、そのまま刺激を与えないよう、そっと観察を続けていくと、最初は黄褐色だった汚泥が、1カ月もたたないうちに表面が黒くボツボツとしたミミズ糞土として一面をおおっていました(写真3)。その間、汚泥は嫌な臭いも発せず、糞土に変わっていきました。もちろん糞土自体は臭いなどしません。1カ月後に糞土を掘り返してみると、よく太ったシマミミズが現れました(写真4)。

なお、対照として、ミミズを入れずに汚泥のみを放置した場合、翌日には強烈な悪臭を放つようになったので、汚泥のみの観察は打ち切りました。汚泥、シマミミズ、糞土の一般成分を分析したところ表1のような成分でした。

汚泥ケーキは活性汚泥や凝集剤が含まれるので、

それぞれに含まれる主なミネラルを比較したところ、汚泥には凝集剤の成分としてアルミニウムやシリカが含まれていることがわかります（図１－ａ）。

シマミミズは生物としてナトリウムやカリウム、塩素などが認められますが、アルミニウムは特に体に溜めこんでいないようです（図１－ｂ）。糞土は一部、汚泥ケーキがそのまま含まれていると思われますが、アルミニウムをはじめ、各種成分が濃縮されているようです（図１－ｃ）。

これらの一連の実験結果から、温度、ミミズの

図１　ミネラル分析（蛍光エックス線分析による）

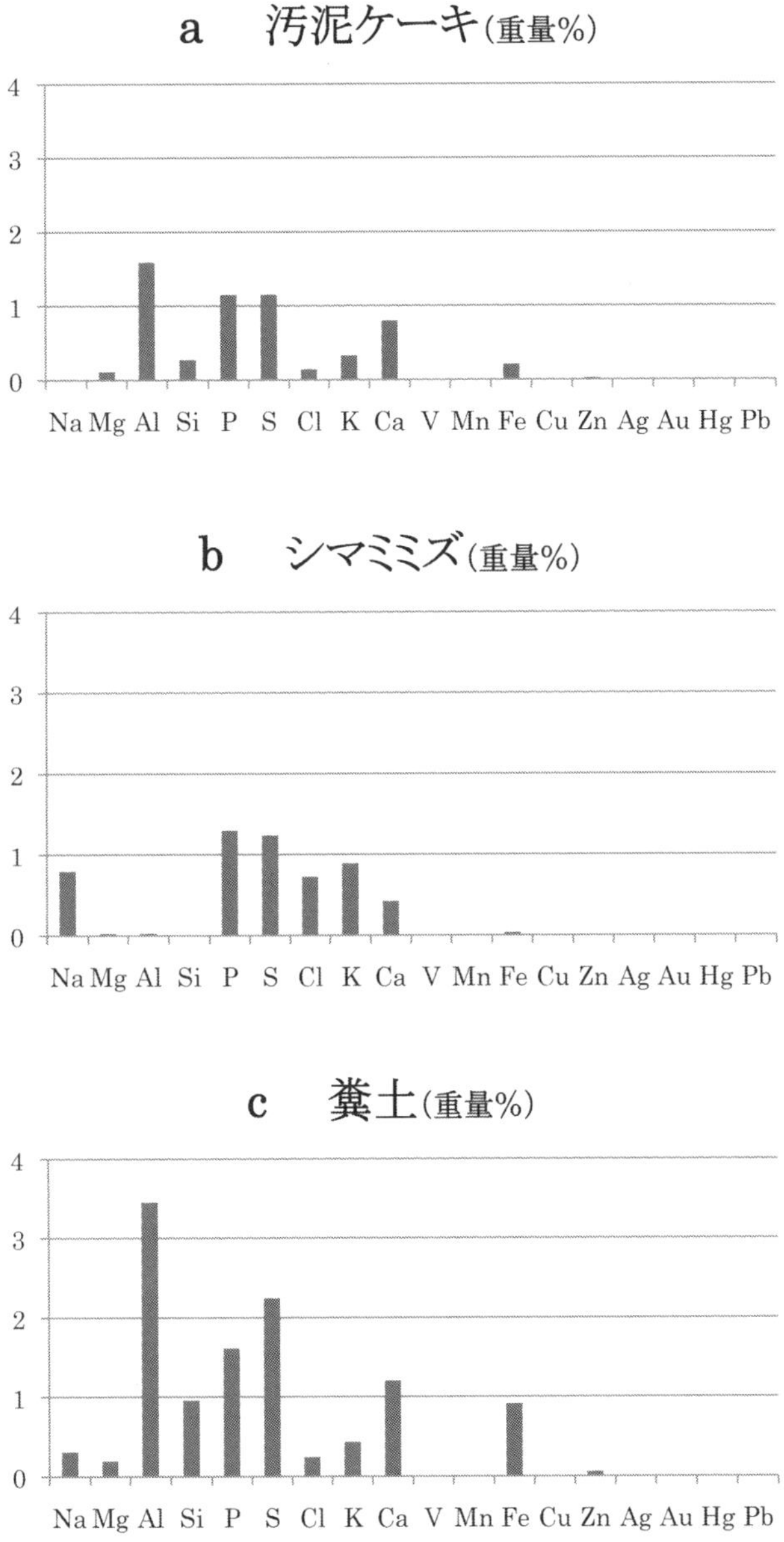

乾燥粉末中の重量％で表示。

量、汚泥の量などが適正であれば、汚泥ケーキはシマミミズの餌として有効であることがわかりました。

一方で、米糠をミミズの餌にしようと試みたところ、最初は何度も失敗しました。糠の量が多かったため、糠漬けを作ってしまいました。ミミズの餌として利用するには、かなりの量の土などに混ぜて糠を希釈するか、土の中にしばらく埋めておく必要があるという結論に達しました。しかし、最近の研究で、米糠には多くの機能性物質が含まれていることが知られています。そちらの活用に大いに期待したいと思います。

（表１）汚泥ケーキ、シマミミズ、糞土の一般成分分析（６成分）の一例

原物中（%）	汚泥ケーキ	シマミミズ	糞土
水分	82.5	82.1	84.3
粗タンパク質	3.2	11.6	1.7
粗脂肪	4.0	2.0	0.4
NFE	8.5	3.5	6.2
粗繊維	0.1	0.2	2.3
粗灰分	1.6	1.2	5.2

汚泥ケーキや糞土はサンプルによるバラツキが大きい。
NFE：可溶無窒素物
（主体はデンプンや糖類）

ミミズと重金属

最近の研究報告によると、土壌中の重金属を体の中にたくさん取り込むことができる新種のスーパーミミズが見つかったということです。記事を目にした方もたくさんいらっしゃるのではないでしょうか。それによると、ミミズは鉱区の土壌から体内に取り込んだ鉛、亜鉛、ヒ素などの重金属を特殊なタンパク質でくるむようにおおってしまい、体には直接の害がないようにして濃縮しているのだそうです。

このようなミミズが日本にもいたら、重金属汚染されたような土壌からの重金属除去をミミズが行ってくれるかもしれません。もちろん時間はかかる作業でしょうが、ミミズだけを集めて処理すれば、低コストで、しかも環境にやさしい浄化技術になるはずです。ミミズ一匹の力は小さいものですが、集団で力を合わせれば、可能な技術だと思うのですが。

また、少し観点を変えるならば、人工的に浄化した汚染土壌のアセスメントとして、ミミズが棲めるか否か、そして、そのミミズの成分分析によって、生物による土壌評価ができるのではないでしょうか。

しかし、このようなスーパーミミズを利用できるとしても、問題点があります。生物多様性の問題です。土の下で生活しているミミズの行動はよくわかっていませんが、人工的に外来あるいは新種のミミズを持ち込むことは、生態系の乱れにつながります。このことは十分注意を払う必要があります。

ミミズによるリサイクルの善し悪し

ミミズによるリサイクルを考える場合、対象となる廃棄物をすべてミミズで浄化できるものと考えがちです。しかし、ミミズも小さな生きものである以上、最高のパフォーマンスを示せる時期もあれば、その実力を発揮できない状況もあります。

例えば、ミミズの活性が高いときでも、与える生ゴミの量が多すぎると、腐敗が先に進行してしまいます。このような状況では、ミミズも退散してしまいます。また、暑すぎても寒すぎても、ミミズの活性は落ちてしまいます。このあたりの環境調節やミミズを飼育する人の目を養うことがミミズ利活用のキーポイントになってきます。

したがって、工場から出るような大規模な量の食品廃棄物をミミズだけで処理しようとすると、その何倍ものミミズ飼育設備が必要になることと、冬場や夏場はミミズの活性を維持できるようなエネルギーの確保が必要になるなど、多くの課題がついて回ります。

では、どうしたらよいでしょう。一つの考え方として、最初から「ミミズですべての廃棄物を処理する」とは考えないで、廃棄物の一定量をミミズで処理してゆくというのはどうでしょうか。つまり、廃棄物の一部をミミズの餌として利用し、ミミズを養殖します。増えたミミズを原料としてミミズから有用な機能性物質を抽出して製品化します。あるいはペットの餌や魚の餌として販売します。これはすでに実践されていますし、実績も挙がっています。そこで得られた資金は、残りの廃棄物処理費用に充てます。また、ミミズ養殖で得られた糞土は園芸資材に利用します。このリサイクルの構図では、ミミズが有する機能性がキーポイントになります。

そこで、私たちはさまざまな角度から機能性についての検討を行っています。近いうちに紹介できるかもしれません。

スローリサイクルのすすめ

少し話は変わりますが、ミミズ養殖の餌としてよく用いられるのが牛の糞です。一度発酵の終わった肉牛の糞が量的にも確保できますし、水分なども適当です。その利点は、一度発酵していることから新たな発酵熱が出ないことと、ミミズの嫌いなアンモニア濃度が低くなっていること、比較的運搬しやすいことなどです。

ここで問題になるのは牛の餌の多くが外国からの輸入であることです。輸入した餌を食べさせて、糞は日本の土壌に堆肥として投入しているということです。ただ、短期的には循環システムが構築できている地域もあり、これも一概に判断できるものではありません。しかし、このままでは長期的に見ても土壌の富栄養化が進み、川や地下水がよごれ、森や林のみならず海も打撃を受けることなどが予測されています。

ここで登場するのがミミズです。ミミズがこれらの家畜の糞を食べることで、糞の体積を大幅に低減することができることと、過剰なエネルギーをミミズとしてその土壌から移送できることにつながります。

繰り返しになりますが、ミミズ一匹は小さいけれど、ミミズによる廃棄物処理を行い、ミミズの機能性を追求し、環境負荷のより少ないリサイクルを構築することは意義のあることだと思います。私たちはこれを「スローリサイクル」と呼び、岩手の地から提案しているところです。

ミミズコンポスト容器の作り方・生かし方

広島ミミズの会　加用誠男

プラスチックケース利用のコンポスト容器

ミミズコンポスト容器は、市販もされています。よく知られている製品として、木のトレイを何枚か重ねたフロースルー型や、廃材のプラスチックのトレイを使ったレルン社（オーストラリア）のキャノワームなどがあります。

いずれも、ミミズが排出した糞や液肥が、取り出しやすいような仕組みになっています。これらはよくできていますが、値段もそれなりの価格がするために、ちょっと試してみるには勇気がいる値段だといってもよいかもしれません。

最初、私がミミズを飼育することを思い立ったとき、衣装ケースを買ってきたり、木の箱を作って試してみたりしました。そうして、たどり着いたのが、ホームセンターなどで売っているプラスチックケース（奥行き50㎝×幅44・5㎝×深さ45㎝）の箱です。

ミミズは光を嫌うので、容器は透明ではないものを用意します。当然ですが、逃げ出さないように蓋がついていなければなりません。深さは30～45㎝が適切です。浅すぎると生ゴミを入れるスペースが限られ、深すぎると奥まで空気が入りにくくなるからです。

ケースを用意したら、空気が入るように箱に穴を開けます。まず、箱の底に空気兼水抜き穴を開けます。直径10～12㎜程度の穴を、均等に間隔をあけて20個ほど開けます。

箱の底に、穴からミミズが逃げ出さないように布を敷いてから、ココナツの皮からできているココナツ繊維を、６ブロックほど水で戻し、柔らかくしてから敷き詰めます。ココナツ繊維はミミズのベッドにもなるし、餌にもなります。

ココナツ繊維を入れてからミミズを入れ、しばらくすると、ミミズは繊維のなかに潜りこんでしまいます。生ゴミを入れたら新聞紙を濡らし、表面をおおっておきます。蓋をしますが、蓋にも直径2㎜程度の穴をあけ、空気が入るようにします。

プラスチックケースを利用した加用さんのミミズコンポスト容器

コンポスト容器を置く場所は、風通しがよく、直射日光が当たらない場所で、雨がかからない軒下やガレージの隅などが理想的です。風通しがよい場所なら、夏場は気化熱でコンポスト容器内の温度を下げることができます。

ミミズは、15℃から25℃の温度で、最も盛んに餌を食べてくれます。コンポスト容器のなかの温度が、30℃以上になると、ミミズは危険な状態になります。春から秋にかけては、陽が当たらない場所に設置します。

コンポスト容器を設置するときに、ブロックの土台を置き、その上に置いて箱の下に隙間を作ります。そこに、コンポスト容器から出るミミズの液肥を受ける容器を置いておきます。液肥はとてもよい肥料であることは、よく知られています。

では、何匹くらいのシマミミズを入れたらよいのでしょうか。最初は500匹くらいで始めるのが適当だと思われます。家庭用のミミズコンポスト容器の場合は、床面積が30㎝四方で、450g（約1125匹）のシマミミズを飼うことができます。

とにかく、私のミミズコンポスト容器は、単純な蓋がついたプラスチックの箱に、穴を開けただけの簡単なものです。容器やココナツ繊維、コンクリートブロック、液肥を受ける容器や雑費を含めて、3000円くらいと、安価な価格で作ることができます。

夏と冬の気温管理が大切

ミミズには、歯がありません。ですから、生ゴミを分解するのはバクテリアです。バクテリアがミミズの口に合う程度まで分解した生ゴミを、ミミズが食べて糞を排出します。

「生ゴミだったら、何を入れても大丈夫ですか」という疑問をよく受けます。

魚の骨や肉など分解しにくいものは入れてはいけない、といわれます。しかし、私の場合は、家庭から生ゴミを出すまい、という運動から始めたので、魚も肉も入れることができなかったら意味がありません。

したがって、それらの生ゴミも入れるようにしています。硬い骨などは残りますが、残った骨などはミミズと糞を分けるときに、取り出せばいいじゃないか、という考え方です。

ミミズコンポスト容器で処理できるのは、野菜や果物のくず、お茶がら、煮物、乾物、しおれた草花、新聞紙、段ボール、残飯、麺類、パンなど、味噌汁のように汁気が多いものでなければ問題ありません。卵の殻などは、なかなか分解せず残っていますが、卵の殻はコンポスト容器のなかのpHを中和してくれます。細かく砕いたり擦りつぶしたりすれば、いつまでも残るようなことはなくなります。

ミミズコンポスト容器を管理するうえで、夏と冬の気温管理と、虫対策があります。夏場、気温が高くなりそうなときは、風通しのよい場所に置き、水を湿らせた新聞紙を入れておけば、気化熱で箱の内部の温度を外よりおさえることができます。

冬場は厄介で、広島でもかなり気温が低くなるときがあります。冬には、氷点下になることもあります。ミミズは寒さには比較的強く、コンポスト容器のなかは外気温よりも、1～2℃高いので、広島で

虫対策に効果がある網目の細かな座布団収納袋をかぶせる

は死ぬようなことはありませんが、寒くなるとミミズの活動が極端に悪くなり、生ゴミをあまり処理してくれなくなります。

私はあるところからヒントを得て、冬場はヒーターを入れるようにしています。名刺大のフィルム・ヒーターというのがあります。刺身などを買うと、小さな保冷材がついています。あれは保温性があるというので、そのなかにフィルム・ヒーターを入れたりして、アダプターで電流を流すなど、いろいろと試してみました。

そんな折、ホームセンターでアルミの板を見つけたので、これがよいのではないかと思い、アルミ板にヒーターをとりつけて試してみました。そしたら、とても具合がよかったのです。しかも、電気代は1日に4円です。これで、冬場の問題はクリアーできました。

網袋でおおって虫対策を講じる

ミミズコンポスト容器は、生ゴミを扱いますから、多かれ少なかれ虫問題に直面します。コンポスト容器には、通気のための孔が開けてあるので、小さな虫が入りこむし、蚊などもきます。一番嫌なのがアメリカミズアブという虫です。体長10～20㎜くらいの黒いアブです。便所アブともいいますが、人を刺すことはありません。このアブは、有機物がたくさんあるところで発生し、コンポスト容器の穴のそばに産卵します。

小さな黄色い卵ですが、孵化すると穴を通ってコンポスト容器のなかに入りこんでいきます。ウジ虫のようなものですが、それが生ゴミにたかり、物凄いスピードで食べていきます。ミミズを押しのけて、気持ち悪いくらいの速さで食べていきます。私でもそれを見たら、気持ち悪いと思うほどです。サナギの状態で生ゴミを食べ、羽化するとアブになり、蓋を開けると大群で飛んでいきます。

これを防ぐために悩んでいたら、私を応援してくださっている大学の先生が、「１００円ショップで売っているような、網の目の細かな座布団収納袋をかぶせておおってしまえば防ぐことができる」と教えてくださいました。それで試したところ、完全に防除することができました。

コンポスト容器のなかには、蚊とかトビムシなども入りますが、それらはあまり気になりません。一番の問題はアメリカミズアブなのですが、この虫は腐敗臭に敏感です。ですから、コンポスト容器のなかが腐敗しないように、ミミズが処理できないほど大量の生ゴミを入れないようにしたいものです。

冬場はバクテリアの活動が鈍るために、ミミズが処理する生ゴミの量も減少します。したがって、どのくらいのスピードで処理してくれるのか、それを見極めながら生ゴミを入れるようにしてください。

約75ℓ大のコンポスト容器に１kgのミミズを入れて始めた場合、通常で４カ月ほどで糞が溜まってきます。ミミズの糞は団粒構造のために臭いがせず、指で摘むと粉のように崩れます。

ミミズは表面で糞をしますから、糞を取りだしたあと、園芸用の熊手で箱のなかをかき混ぜます。上の生ゴミが下になり、下に敷いてあったために食べられないココナツ繊維が上になり、またミミズの餌になり糞になります。そうして、３カ月くらいしたら再びミミズの糞を取るようにすればよいでしょう。

ミミズコンポスト容器による飼育Q&A

相模浄化サービス　関野克美

広範なミミズの活用

Q　まず、ミミズの養殖を始めたきっかけから教えてください。

A　相模浄化サービスは浄化槽の維持管理と、排水管の高圧洗浄や飲料槽の清掃などを本業としています。ミミズの養殖は、1995年（平成7年）に、母がちょっとしたきっかけと好奇心から始め、今日まで続けてきました。1975年（昭和50年）ころでしょうか。ミミズを養殖させて買い取るといったマルチ商法があり、それが詐欺事件になったため、ミミズの養殖を嫌悪するようなムードになったことがあります。オーストラリアや欧米諸国では、ミミズコンポスト容器が売れていたり、ドイツでは学校の教材になったり、ミミズの活用が盛んなのですが、そういう出来事があったために、日本だけミミズを活用する流れが遅れてしまったのです。

　イギリスでは、生ゴミをミミズに食べさせているという話を、テレビのクイズ番組でやっていて、どれだけ大きなミミズなのだろうと、母が興味をもっていたころ、ちょっとしたきっかけでミミズを預かることになったのです。シマミミズでした。それを見たい一心でお預かりし、依頼された実験に使ってみました。

　結局、実験はうまくいかず、そこでやめることもできたのですが、ミミズの面白さに取りつかれてしまい、今日まで続けてきてしまいました。

Q　最初、何匹くらいのミミズからスタートしたのでしょうか。

A　1万匹をアメリカから取り寄せました。初めの体面で、本当にそんなにたくさんいるのかと、結局、数を数えました。ミミズは刺激を与えると、仲

ミミズを計量する。シマミミズは刺激を与えるとかたまる習性がある

間たちで身を守ろうと一塊になる性質があります。今は慣れましたが、元々はミミズが苦手でミミズの塊を見たときには、熱が出るのじゃないかと思うぐらいでした。ミミズの総数が減ってしまっていたため、もう一度、送ってもらったりしました。

最初の実験は、生ゴミ処理機から出る廃棄材を、ミミズに食べさせられるか、という実験でしたが、もちろんミミズは食べません。また、微生物が強すぎて死んでしまったのです。やがて、依頼主とも連絡が取れなくなり、ミミズだけが残ってしまったのです。

Ｑ　ミミズはシマミミズですね。今はどのくらい増えているんですか。

Ａ　シマミミズは需要によって、増やしたり減らしたりしています。今では生ゴミリサイクル用ばかりではなく、実験材料や学習教材としても販売しています。

Ｑ　シマミミズが、生ゴミを処理させるのに、一番適しているのですか。

Ａ　シマミミズは、生ゴミや堆肥など栄養価の高い有機物を食べる食性をもっています。よく見かけるフトミミズ、ヒトツボミミズともいわれるドバミミズは、野菜くずや堆肥は食べません。食べるのは、落ち葉や土です。日本でミミズといえば、主にフトミミズを指しますが、欧米でミミズといえばツリミミズ科のミミズです。シマミミズに近い食性のミミズで、その土地に適したものが生息していて、人が養殖をして取引をし、糞も売っているのです。

生ゴミを食べさせられるミミズで、なおかつ堆肥も食べるので、人に近いところでなければ暮らせないし、増えることもできない。ですから、家畜と同じだと思います。シマミミズは、人の生活圏に近いところに棲み、人とシマミミズは、お互いに利用し合っている関係です。

Q　ミミズを販売してほしい、という問い合わせがくると思うのですが、どのようなところから依頼されるのでしょう。

A　一般の方が多いです。まず、生ゴミを自宅で減らしたい。そうして、ミミズの堆肥や液肥を使いたいという方です。どうせ野菜や花を育てるなら、良質な堆肥を使いたいという方。それに、基本的にミミズが嫌いではない方です。ミミズが好きという方は、そう多くはいらっしゃいませんが、平気だという方もいます。

慣行農法ではなく、自然農、不耕起栽培、自然農法やパーマカルチャーなど、持続可能な農業をやりたい方は、ミミズのはたらきをよくご存じです。また、学校で自然の仕組みや、食物連鎖のシステムを授業で教える際の教材にしたいという先生や、ミミズを飼ってみたいというお子さんもいます。

ほかには、釣りをするので餌として欲しい、という人や研究機関で実験をするので、使いたいということで買われる方もいます。大きく分けて、そのぐらいでしょうか。

Q　ずいぶん広範囲から注文が来るのですね。

A　そうです。広範囲でも、頻繁に注文があるわけでもないので、養殖だけですと厳しいものがあります。先ほどもいいましたが、あとは健康食品や医薬品にもなっています。

Q　ミミズの活用法は広いのですね。糞は優秀な肥料にもなるし、液肥もいい。

A　ミミズ博士の中村好男先生にも、何度も教えていただいているのですが、食べたものがおなかから出てくると、無機化し、腐植が形成される。それがミミズの糞の素晴らしいところです。

ミミズは環境がよければ増える

Q　シマミミズの寿命は、どのくらいなのでしょう。

A　ドバミミズなどは卵から孵化したら、大体、寿命は1年くらいではないかといわれています。

ただ、研究している人が少ないので、正確なところはわからない。シマミミズは、中村先生いわく、越冬もしますし、たぶん3年くらいは生きるのではないかと。そのように寿命が長いところも、シマミミズは人が飼育して増やしやすい、という長所の一つだと思います。

Q　シマミミズは一度、飼い始めれば増やすこともできるのですか。

A　飼育環境にある程度の面積があり、餌を順調に与えられ、ミミズが快適に暮らせるスペースを確保してあげられれば、増えていきます。狭いところで飼育すると、自分たちで増やす量を制限してしまうので、ある程度増えてきたら、別の場所に移すとか、分家させれば増えていきますね。

Q　生ゴミを、ミミズに処理してもらう人が、全国にいらっしゃいますが、生ゴミはなんでもＯＫなのでしょうか。

A　人間が出す生ゴミは、ひと通り食べてくれるといわれていますが、限られたスペースで飼っていると、処理できない生ゴミから腐敗ガスが出ます。そのガスと熱でミミズがやられると、激減してしまいます。

昔、自治体が生ゴミを回収してくれる以前は、各家庭の皆さんは、自分たちで処理をしていた。畑にまいたり、庭の隅に穴を掘って埋めていたりしました。そのような環境なら、腐敗ガスが出ても、野外だから熱は逃げていくし、ミミズは熱を発する場所から逃げていけばよかったのです。しかし、コンポスト容器のなかでは危ないのです。

Q　逃げ場がないですからね。

A　ガスもこもるし、環境次第なのです。

ミミズが処理する生ゴミの分量

Q　ミミズにとって、適切な環境のための基準などはあるのですか。

A　1日に家族が出す生ゴミの量は、200～500gといわれています。家庭によって、その量はまちまちです。ミミズコンポスト容器には、いろいろなタイプがあります。オーストラリアには、キャノワームというプラスチックの再生と、生ゴミのリサイクルの両方を兼ねたミミズを飼う容器がありま す。これは世界中で使われています。

この容器は、糞を採取したり液肥を取ったりするのに便利な仕組みになっていますが、欧米諸国の家は日本より広いし、土いじりに使えるスペースが日本よりも広いので、キャノワームも置けますが、日本ではちょっと狭いかなと思います。

それに、日本のように高温多湿の気候では、プラスチック容器では、ちょっと難しいという気がします。熱がこもるし、よほど通気をよくしないといけない。コンポスト容器のなかに入れるのが野菜くずなので、どうしても水分が多くなります。蒸発した水分が結露して戻って、徐々に水分が過多になり、通気が悪くなりやすい。ミミズにとって過ごしやすい時期であれば、とても便利な容器ですが、暑い季節は少しコツが必要です。

ミミズに処分してもらう生ゴミの量は、目安として、1日にミミズの体重の半分くらいでしょうか。500gのミミズがいるとして、春から秋の活動できる期間ですと、大体、同量くらい食べると書いてある本もあります。しかし、野菜くずといっても、ジャガイモの皮とレタスでは全然条件が違います。ですから、いろいろな生ゴミを食べてもらうとして、ミミズの体重の半分くらいを、1日に処分できる目安とすればよいと思います。

Q　500gのミミズがコンポスト容器にいるとしたら、生ゴミは250gくらいですね。

A　フードプロセッサーやフードカッターで、形状を細かく砕くと、もっと食べさせられます。

ミミズの液肥が取り出しやすい構造になっている

ミミズコンポスト容器の「キャノワーム」

生ゴミはミミズだけが食べてくれるのではなく、ミミズが棲んでいるベッド（土や床）のなかに、土壌微生物が多ければ、それだけ分解の手助けをしてくれます。ベッドにココナッツ繊維とか、ピートモス（ミズゴケなどの苔類）を使うこともできますが、土壌菌が多い土や腐葉土を使ったほうが早くなります。

例えばキャノワームは、蓋とザルが3個（作業トレイの上段、中段、下段）と、一番下にコックがついた液肥トレイが重なって一組になっています。作業トレイは、底に穴が開いています。最初は1個だけトレイを使い、全体で17ℓくらい入りますので、ミミズとココナッツ繊維を、10ℓくらい入れます。そこに生ゴミを入れたら、湿した新聞紙をかぶせておけばいい、という説明がついています。ですが、ベッド材が浅いと、気温の変化や湿度の調整が難しくなってくるのです。

ベッド材の適度な深さは15〜20㎝で、それだけあれば保水もできるし、排水もできる。急な気温の変化にも、ある程度対応できます。シマミミズは、通気性のよい場所を好むので、深くても地上から30㎝

くらいしか潜りません。ですので、コンポスト容器は最大でも、30～40㎝くらいの深さの箱を使い、15～20㎝程度の厚さになるようベッド材を敷きつめれば、すぐに乾くこともなく、また暑ければなかの涼しいところにします。

キャノワームを販売しているレルン社では、ココナツ繊維のブロックが1個ついています。それを水でふやかすと10ℓくらいになり、敷きつめれば5～6㎝くらいの厚さになります。

「それで始めてください」という説明書がついていますが、私たちがキャノワームとミミズを販売するときは、ベッド材として糞を一緒にお送りしていますす。中段、上段にミミズを入れます。餌は常に上段に入れ、ミミズに食べさせます。急に寒くなったり暑くなったりしたら中段に潜りますが、大抵は餌の周りをウロウロしています。

自作の箱でも、そのような仕組みを参考にすることができます。５００gのミミズから始める場合、大体、40×40㎝か50×50㎝くらいの表面積があり、深さが最大で30～40㎝の深さの箱を用意します。大体、15～20㎝の厚さに、ミミズの糞やココナツ繊維を敷き、その上に餌を置きます。光が嫌いなので蓋をし、底は排水できるように、穴をたくさん開けておきます。設置する場所は、日陰で雨がかからない涼しいところになら問題ありません。

Q　冬場の管理で、注意しなければならない点はありますか。

A　日なたの暖かなところに置けば、少しは活動しますが、あまり食べません。もし、食べさせたいときは電熱器などで暖め、水分をこまめに補給してあげればミミズは動きます。

土が凍らなければ、越冬できるのですが、動かないし食べる量もすごく減ってしまいます。冬場の寒い時期を過ごさせるのに、箱に発泡スチロールを巻いたりして暖をとります。

上級者向けですがいろいろな裏技などもあります。雑草などを引っこ抜くと、土に接していた根のところから発熱します。そういうのを入れて暖をとったり、米糠を混ぜて発酵させたりする方法もありますが、一歩間違えると暑くなりすぎて、ミミズが死んでしまうことがあります。電熱器を使う方法が間違いはないのですが、内部が乾きやすくなるので注意しなければなりません。

庭の隅に作る簡単コンポスト容器

Q　衣装ケースを利用した簡単な、ミミズコンポスト容器もありますが、おすすめの簡単コンポスト容器の作り方はありますか。

A　イチオシの簡単コンポスト容器があります。庭の隅など地面に直接設置するのですが、壁部にフォークリフトなどで荷物を運ぶときに使うパレットを使います。使わなくなったパレットを貰いうけて、半分に切って立てて縛っただけの簡単な作りです。簀《す》の子《こ》状ですから、とても通気性がよいのです。パレットで四角い枠を作り、雑草が生えないように、なかを地面に敷く防草シートで囲います。防草シートは、園芸店や農業資材を販売している店で手に入ります。

防草シートを袋のようにして、パレットで囲った枠のなかに入れます。このシートは空気も通るし水も抜けます。パレットの四隅は、ひもで結んであるだけなので、糞を採取するときにはバラバラにできて非常に作業が楽です。

ここに最初、ミミズの糞など、ミミズのベッドになるものを入れ、５００ｇくらいのミミズを入れて始めます。

コンポスト容器は水分が過多になると、通気が悪くなったり餌が傷みやすくなったり、ミズアブというミミズコンポスト容器に湧いてほしくない虫が湧いたり、いろいろ厄介な問題が起きやすくなりますが、この方法だと風通しがよく、余分な水分は地面に抜けるので、水分が過多になりにくい。その点、プラスチック容器ですと、水分が逃げにくいし、蓋をしたら結露するし蒸れやすくもなります。

このパレットで作ったコンポスト容器は、地面にミミズの液肥が落ちていくので、周囲の土壌が豊かになっていき、土がふかふかになります。フトミミズも寄ってきて、パレットつきコンポスト容器の周囲をフトミミズの糞が、ぐるりと取り囲んで土が豊かになり、いろいろな土壌動物がいたりカエルがいたり、それを食べにヘビが来たりと、生きものが集まって来ます。ヘビがカエルの足を口から出して走って行くという感動的なシーンも見ました。

どのような方法でミミズコンポスト容器を設置するにしても、雨が近いときはミミズが逃げ出しやすいので、餌が不足していないか、確認する必要があります。

Q 餌が不足すると、逃げ出しますか。

A 雨が降っているとき、降りそうなときに餌が足りないと、暗くなってから外に出ようとします。だから逆に、餌があればおとなしくしています。

もし、パレットが手に入らなかったら、代わりにコンクリートブロックでも大丈夫です。外から入る虫を防ごうとして通気を悪くするよりも、通気のよい環境のほうが、うまく飼育できる感じがします。雨が多いときは、水が入り過ぎないように、トタンなどでおおっておきます。ミミズは、とにかく光が好きではないので、日除けは必要になります。

Q 糞がたまったら、取り出して畑に使ったりするわけですね。

A ええ。糞を取り出したらミミズはとっておいて、また始めていただければいい。このコンポスト容器の場合は、日本の高温多湿の気候でも失敗が少なくて、もしミズアブが湧いても、共存できるのです。ミズアブの成虫は、蚊を食べたりハエを食べたりしてくれる益虫でもある。ただ、きちんと蓋ができるような容器に、ミズアブが一度湧くと、爆発的に増えて、ミミズとのバランスがとれなくなり、ミミズが減ってしまいます。

アメリカミズアブの幼虫は、植物性の残渣が腐敗したところに湧くのです。それは本州以南のどこにでもいるのです。腐敗物が好きで、ミズアブが湧くとミミズの生ゴミを食べてしまう。ミミズが好きな環境と反対の環境を好むので、ミミズにとって居づらい環境になってしまうということです。

コンポスト容器製品の活用

Q 事務所に設置してあるキャノワームには、何匹くらいのミミズが入れてあるのですか。

A たぶん1kgぐらいでしょう。1匹を0・4gで

〈ミミズコンポスト容器を作る手順〉

①パレットを組み立てる

②四隅を紐で結びとめただけで簡単

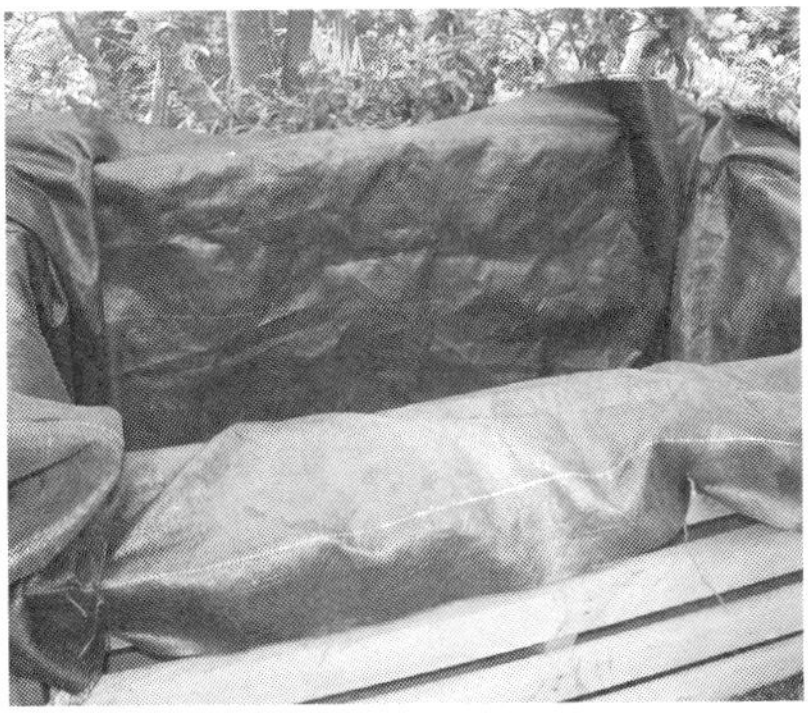
③防草シートをなかに敷いて囲う

④ミミズのベッドを入れ、ミミズを投入

⑤食べやすくなるように野菜くずを細かく切って入れる

⑥内部を暗くしておくために、毛布などでおおう

計算しますから、２５００匹くらいは入っていると思います。大体、皆さんは家の裏庭などに置いていますが、直射日光と雨が当たらない、風通しのよい場所に置くのが基本です。

　コンポスト容器内の水分は、手のひらで糞を握ってみて、団子になるようだと水分の上限の、ぎりぎりくらい。気温が上昇して、入れた生ゴミが腐敗し始めると、コバエやミズアブが出やすくなります。

Q　コンポスト容器内の水分は、生ゴミから出る水分だけなのでしょうか。

A　プラスチックのコンポスト容器の場合は、水をかける必要はないです。生ゴミを細かく砕くので、かなり水分が出てきます。野菜くずを切らないまま入れるときは、多少、水が必要になる場合もあります。それは状況次第です。ミミズの堆肥を握って、指で押すとポロッと崩れるくらいが調度よい水分です。

Q　ミミズは販売されていますね。値段はいくらぐらいなのでしょう。

A　ええ、５００g４２００円（送料別）で販売しています。キャノワームは2万６２５０円（ミミズ・送料別）。

ミミズ堆肥が優れているわけ

Q　ミミズコンポスト容器のなかに、ミミズ以外にいろいろな小動物が増えてくるようですね。

A　土壌動物は、土づくりの仲間なんです。

　初めはコンポスト容器のなかに、ミミズとベッド材しか入れていません。糞も一度お日さまに干して、乾かしてしまったものです。それを水で濡らして入れ、しばらくするといつの間にか、いろいろな土壌動物が現れる。自然にこのような小動物が増えていくのが、とても面白いし、みんなで助け合って上手に連携し合って生きている。本当に感心しますね。

　普通の生ゴミ処理と違って、ミミズに処理してもらうと野菜くずから土になるまでに、熱が発生する過程がありません。それが、特徴といえば特徴だと言えますね。普通、生ゴミなどは堆肥になっていく過程で、発酵熱で分解します。熱が落ちついて使用

ミミズの糞を握って、団子になるようなら水分の上限

シマミミズは堆肥づくりの立て役者

できるようになるまでに、何カ月か寝かすのですが、ミミズの堆肥の場合は、生ゴミがミミズの腸を通った時点で無機化しています。ミミズコンポスト容器を覗くと、コンポスト容器のなかに紛れ込んだ種から、芽が出てくるということは、ほかの堆肥では考えられません。

Q　コンポスト容器のなかに入れてはいけない生ゴミがありますか。

A　合成洗剤のようなものがかかっているのは、その濃度が薄くても、続けて入れると数が減ります。残飯は塩分や油分の分解が遅く、糞に残る恐れがあり、ミミズも棲みにくくなるので入れないほうがよいと思います。

味噌汁など、汁気の多いものもザブッと入れると、水分も塩分も過多になるのでよくありません。肉や魚は好きなのですが、ほかの虫も好きで、また腐敗したときにガスでミミズが死滅する恐れがあります。コンポスト容器の中が広ければバランスもとりやすいですが、狭いコンポスト容器ですと虫が湧いて、収拾がつかないことがあります。基本的には入れないほうが無難でしょうね。
Q　要は、バランス次第ということですね。
A　そうです。バランスの見極めは慣れてくればわかるようになりますが、マニュアル通りにいかないものなのです。コンポスト容器の設置場所、気候、ミミズの量にも左右されます。コンポスト容器の材質、与える生ゴミの量、それにコンポスト容器を管理する人の個性というか、とても面倒見のよい人なのか、私のように適当な人間なのか、それによっても違ってきます。ですから、様子を見ながら管理するしかありません。野菜くずを入れたら、塊にならないよう園芸用の小さな熊手で土壌と混ぜてあげます。混ぜるのと混ぜないのでは、ミミズが食べてくれる速さが、全然違ってきます。
　ミミズコンポスト容器では、野菜くずを中心に与えることをおすすめしています。ミミズも環境が変わると痩せたりすることもあるようですが、すぐに環境に慣れる面もあるようです。
Q　ミミズの堆肥や液肥を花や作物にほどこすと、花の色が綺麗になるとか、野菜の味がよくなるといわれますね。
A　中村先生の話ですと、ミミズの糞には生長促進ホルモンが入っているそうです。発芽のときに与えると、葉や茎がよく伸びる。葉ものや青ものには効き目があるし、根菜類の味が濃くなります。ミネラルが非常に増える、という話は聞きますね。
　生長促進ホルモン以外にも、カルシウムやマグネシウムも増える。ミミズ自体、アミノ酸が18種類と、お肉に匹敵するほどあるので、死滅して土に返る場合でも、窒素分となり土に還元されます。ミミズの糞で野菜を育てると、アミノ酸の数値が増えるという話も聞いています。

　ただ、条件により数値は変わってしまいますが、味が濃いというのがわかりますし、野菜が長持ちします。化成肥料を使って育てた野菜よりも、有機肥料で栽培をした野菜はみんなそうで、細胞がしっかりしていて、腐らないで朽ちていくという話を聞いています。

　花などですと山野草のような、あまり肥料を必要

ミミズの養殖場（相模浄化サービス）

としない植物には、多い量は使えませんが、ハイビスカスのような花は色が鮮やかになります。

ミミズの液肥は、ミミズのオシッコだけでなく、野菜の水分も出てしまうので、５倍くらいに薄め、水代わりにかけると、白色も黄色も赤も、見違えるように鮮やかになります。

ミミズとの付き合い方のコツ

Q　長年、ミミズと付き合ってきて、ミミズのよさや素晴らしさは、どこにあるのでしょう。

A　最初、私もミミズが大嫌いで、見ると熱が出たくらいだったのですが、とにかく寝ないではたらいている働き者ですね。私は園芸が下手で、すぐに枯らしてしまうのですが、それでもミミズが作った土を使ったり、液肥を使ったりすれば、玄人のように花の色が綺麗になります。

ミミズの糞で育てた野菜は、本当においしいし、色も濃くなる。ミミズの糞は、発芽時にものすごく能力を発揮するといわれています。一番エネルギーを使うときに、無機化しているというか、それ以上は分解しないので、野菜と窒素を奪い合って窒素焼けすることもない。ミミズコンポスト容器が順調に機能していれば、液肥も糞も臭いはしません。

大きなフトミミズは、今でも触れることができませんが、シマミミズは小さくて可愛いということもありますし、鳴きもしないし文句もいいません。もし、好意をもって接することができれば、こんなに扱いやすい生きものはないと感じます。

以前、「ミミズはどんなことがあっても、マイペースでやることをやっている。そういうのを見ていると心が落ちつくのです」と、おっしゃっていたお客さんがいました。ちょっと心が落ち込んでいるときに、見ていると癒しの力もあるようです。

振動があるとフトミミズは地表に出てきて、シマミミズは土中に潜ります。地震の予知が可能かという実験も行われています。何から何まで無駄なところがなく、遺体は自分で分解して、窒素分として土に返っていく。大した生きものだと思います。

ミミズの世界はアナログの極みですが、そういうところに惹かれる方が、これから増えていくような気がします。おとなよりも、「目がないのになんで前がわかるの」とか、純然たる興味みたいなものが湧いて、お子さんのほうが非常に関心をもってくれますね。

Q シマミミズは3年くらい生きて、環境がよければ増えていきますね。

A 増えてきて、これ以上は増えないという限界が見えたら、ほかのコンポスト容器に移してあげればいい。ミミズのペースに合わせられれば、うまく付き合えると思います。人のペースをミミズに押しつけると、失敗することが多いようです。

電気で稼働させる生ゴミ処理機がやってくれることは、暖めたりかき混ぜたりということで、生ゴミを速く処理したいという、人間の都合でできた機械です。ミミズにまかせるとしたら、ミミズ次第なので、人間の都合を押しつけず、もともと、そういう生きものだろうと思えば、付き合っていけると思います。

◆執筆者一覧（執筆順）

●敬称略（＊印は編著）、所属・役職は2011年９月現在

中村好男（なかむら よしお）＊
1942年、静岡県生まれ。愛媛大学名誉教授

中村和徳（なかむら かずのり）
1980年、茨城県生まれ。東北大学大学院生命科学研究科COEフェロー

中村好徳（なかむら よしのり）
1974年、栃木県生まれ。農水省九州沖縄農業試験場周年放牧チーム研究員

酒井茂之（さかい しげゆき）
1947年、長野県生まれ。ライター（アクア・ルーム主宰）

本橋征輝（もとはし まさてる）
1942年、埼玉県生まれ。元・百草農園園主

諏訪部 明（すわべ あきら）
1922年、神奈川県生まれ。かながわ土づくり研究会会長。安全な食を考える会会長

古川勇一郎（ふるかわ ゆういちろう）
1973年、東京都生まれ。新潟県農業総合研究所基盤研究部主任研究員

加用誠男（かよう のぶお）
1944年、東京都生まれ。広島ミミズの会代表（FAX082-284-3664）
〒734-0024　広島市南区仁保新町2-10-10

小田伸一（おだ しんいち）
1957年、三重県生まれ。岩手大学農学部准教授。いわてミミズ研究会代表

関野克美（せきの かつみ）
神奈川県生まれ。(有)相模浄化サービス（TEL0463-90-1332　FAX0463-95-9667）
〒259-1103　神奈川県伊勢原市三ノ宮116

無農薬・無耕起の畑地で活躍するフトミミズ

●

デザイン――寺田有恒　ビレッジ・ハウス
イラストレーション――楢 喜八
編集協力――酒井茂之
写真協力――関野克美　三宅 岳　樫山信也
福留秀人　ほか
校正――吉田 仁

編著者プロフィール

●**中村好男**（なかむら よしお）

1942年、静岡県生まれ。浜松商業高校、帯広畜産大学卒業。北海道大学大学院農学研究科農業生物学専攻修士・博士課程修了。農学博士。1970年、農林水産省草地試験場勤務。農業技術研究所（現在の農業環境技術研究所）を経て、東北農業研究センター畑地利用部上席研究官を務める。

1976年から１年間、ヒメミミズ研究のためコペンハーゲン大学（デンマーク）に国費留学。ミミズの研究歴は30年余り。日本土壌動物学会、毛管浄化研究会の会員。尾瀬総合学術調査団調査協力員。国際標準化機構ISO／TC190国内専門委員、SC４／WG２担当およびSC４／WG２主査などを歴任。愛媛大学農学部教授（作物学教室）、農業・生物系特定産業技術研究機構フェローを経て、現在、愛媛大学名誉教授。

主な著書に『ミミズと土と有機農業』（創森社）、『土壌生物を考える』（共著、環境科学総合研究所）、『土壌生物生態研究法』（分担執筆、渡辺弘之監修、築地書館）、『土の生きものと農業』（創森社）など。

ミミズのはたらき

2011年10月21日　第１刷発行

編 著 者――中《なか》村《むら》好《よし》男《お》

発 行 者――相場博也

発 行 所――株式会社 創森社

〒162-0805 東京都新宿区矢来町96-4

TEL 03-5228-2270　FAX 03-5228-2410

http://www.soshinsha-pub.com

振替00160-7-770406

組　　版――有限会社 天龍社

印刷製本――中央精版印刷株式会社

ISBN978-4-88340-264-9 C0061

〝食・農・環境・社会〟の本

http://www.soshinsha-pub.com

創森社　〒162-0805 東京都新宿区矢来町 96-4
TEL 03-5228-2270　FAX 03-5228-2410
＊定価（本体価格＋税）は変わる場合があります

- 育てて楽しむ タケ・ササ 手入れのコツ　内村悦三 著　Ａ５判１１２頁１３６５円
- ブルーベリーに魅せられて　西下はつ代 著　Ａ５判１２４頁１５００円
- 野菜の種はこうして採ろう　船越建明 著　Ａ５判１９６頁１５７５円
- 直売所だより　山下惣一 著　四六判２８８頁１６８０円
- ペットのための遺言書・身上書のつくり方　高野瀬順子 著　Ａ５判８０頁９４５円
- グリーン・ケアの秘める力　近藤まなみ・兼坂さくら 著　Ａ５判２７６頁２３１０円
- 心を沈めて耳を澄ます　鎌田慧 著　四六判３６０頁１８９０円
- いのちの種を未来に　野口勲 著　Ａ５判１８８頁１５７５円
- 森の詩〜山村に生きる〜　柿崎ヤス子 著　四六判１９２頁１５００円
- 田園立国　日本農業新聞取材班 著　四六判３２６頁１８９０円
- 農業の基本価値　大内力 著　四六判２１６頁１６８０円
- 現代の食料・農業問題〜誤解から打開へ〜　鈴木宣弘 著　Ａ５判１８４頁１６８０円
- 虫けら賛歌　梅谷献二 著　四六判２６８頁１８９０円
- 山里の食べもの誌　杉浦孝蔵 著　四六判２９２頁２１００円
- 緑のカーテンの育て方・楽しみ方　緑のカーテン応援団 編著　Ａ５判８４頁１０５０円
- 育てて楽しむ 雑穀 栽培・加工・利用　郷田和夫 著　Ａ５判１２０頁１４７０円
- オーガニック・ガーデンのすすめ　曳地トシ・曳地義治 著　Ａ５判９６頁１４７０円
- 育てて楽しむ ユズ・柑橘 栽培・利用加工　音井格 著　Ａ５判９６頁１４７０円
- バイオ燃料と食・農・環境　加藤信夫 著　Ａ５判２５６頁２６２５円
- 田んぼの営みと恵み　稲垣栄洋 著　Ａ５判１４０頁１４７０円
- 石窯づくり 早わかり　須藤章 著　Ａ５判１０８頁１４７０円
- ブドウの根域制限栽培　今井俊治 著　Ｂ５判80頁２５２０円
- 飼料用米の栽培・利用　小沢亙・吉田宣夫 編　Ａ５判１３６頁１８９０円
- 農に人あり志あり　岸康彦 編　Ａ５判３４４頁２３１０円
- 現代に生かす竹資源　内村悦三 監修　Ａ５判２２０頁２１００円
- 人間復権の食・農・協同　河野直践 著　四六判３０４頁１８９０円
- 反冤罪　鎌田慧 著　四六判２８０頁１６８０円
- 薪暮らしの愉しみ　深澤光 著　Ａ５判２２８頁２３１０円
- 農と自然の復興　宇根豊 著　四六判３０４頁１６８０円
- 農の世紀へ　日本農業新聞取材班 著　四六判３２８頁１８９０円
- 田んぼの生きもの誌　稲垣栄洋 著　楢喜八 絵　Ａ５判２３６頁１６８０円
- はじめよう！自然農業　趙漢珪 監修　姫野祐子 編　Ａ５判２６８頁１８９０円
- 農の技術を拓く　西尾敏彦 著　四六判２８８頁１６８０円
- 東京シルエット　成田一徹 著　四六判２６４頁１６８０円
- 玉子と土といのちと　菅野芳秀 著　四六判２２０頁１５７５円
- 生きもの豊かな自然耕　岩澤信夫 著　四六判２１２頁１５７５円
- 里山復権 能登からの発信　中村浩二・嘉田良平 編　Ａ５判２２８頁１８９０円
- 自然農の野菜づくり　川口由一 監修　高橋浩昭 著　Ａ５判２３６頁２０００円
- 農産物直売所が農業・農村を救う　田中満 編　Ａ５判１５２頁１６８０円
- 菜の花エコ事典〜ナタネの育て方・生かし方〜　藤井絢子 編著　Ａ５判１９６頁１６８０円
- ブルーベリーの観察と育て方　玉田孝人・福田俊 著　Ａ５判１２０頁１４７０円
- パーマカルチャー〜自給自立の農的暮らしに〜　パーマカルチャー・センター・ジャパン 編　Ｂ５変型判２８０頁２７３０円
- 巣箱づくりから自然保護へ　飯田知彦 著　Ａ５判２７６頁１８９０円
- 東京スケッチブック　小泉信一 著　四六判２７２頁１５７５円
- 農産物直売所の繁盛指南　駒谷行雄 著　Ａ５判２０８頁１８９０円